U0784579

阅

阅读成就思想……

Read to Achieve

青少年心理关怀系列

Self HARM

Why Teens Do it and What Parents Can Do to Help

折翼的精灵

青少年自伤心理干预与预防

[澳] 米歇尔·米切尔 ◎ 著
(Michelle Mitchell)
鲁婷 ◎ 译　江光荣 ◎ 审译

中国人民大学出版社
· 北京 ·

图书在版编目（CIP）数据

折翼的精灵 ：青少年自伤心理干预与预防 /（澳）米歇尔·米切尔（Michelle Mitchell）著 ；鲁婷译. --北京 ：中国人民大学出版社，2021.2
ISBN 978-7-300-28914-4

Ⅰ. ①折… Ⅱ. ①米… ②鲁… Ⅲ. ①青少年心理学－病理心理学－研究 Ⅳ. ①B846

中国版本图书馆CIP数据核字(2021)第011241号

折翼的精灵：青少年自伤心理干预与预防

［澳］米歇尔·米切尔（Michelle Mitchell） 著

鲁 婷 译

江光荣 审译

Zheyi de Jingling：Qingshaonian Zishang Xinli Ganyu yu Yufang

出版发行	中国人民大学出版社		
社　　址	北京中关村大街 31 号	**邮政编码**	100080
电　　话	010-62511242（总编室）		010-62511770（质管部）
	010-82501766（邮购部）		010-62514148（门市部）
	010-62515195（发行公司）		010-62515275（盗版举报）
网　　址	http：//www.crup.com.cn		
经　　销	新华书店		
印　　刷	天津中印联印务有限公司		
规　　格	148mm×210mm　32 开本	**版　次**	2021 年 2 月第 1 版
印　　张	6.875　插页 1	**印　次**	2023 年11月第 6 次印刷
字　　数	170 000	**定　价**	59.00 元

本书赞誉

在心理咨询室里，每次看见青少年身上因为自伤留下的痕迹，我都非常非常难过。同时，我知道，更难过的是那些无助而绝望的父母——他们无法理解自己的孩子，更不知如何应对这种状况。米歇尔·米切尔的专著《折翼的精灵：青少年自伤心理干预与预防》从翔实的研究数据和具体的自伤案例出发，努力帮助家长更好地理解自伤行为，提高做好预防工作、应对自伤行为的能力。我相信，这本专业书籍可以极大地帮助在类似处境中的中国家长。

刘丹

清华大学心理发展指导中心副主任

德中心理治疗研究院副主席

近年来，青少年自伤行为成为学校心理健康工作中越来越常见的现象和比较棘手的问题。人为什么会自我伤害？如何理解本能的痛觉都无法阻止的自伤自残行为？当锋利的刀刃割破皮肤，血一点点滴出来的时候，释放出的是怎样的痛苦？我想每一位青少年工作者不仅需要去发现和阻止这样的行为，更重要的是要去理解行为后面的痛苦和心理。而本书就为这样的理解提供了作者 20 多年来的观察和实践成果。

徐凯文

北京大学学生心理健康教育与咨询中心总督导

青少年在生理、心理和社交方面都经历着快速转变，这些急速变化给一部分人带来了压力和困扰，负性情绪难于排解，容易发生自我伤害行为。该译作的出版有助于家长更清晰地理解青少年的情绪困扰，让咨询师更科学地帮助自伤当事人调整自我自知，调节情绪，走向阳光。译者是我师妹，审译是我导师，都在自伤领域颇有建树。

任志洪

华中师范大学心理学院教授

我们每个人都是自己生命安全的第一责任人，这本书会告诉你如何防控自己的自伤冲动，维护好自己的生命状态。

张久祥

中国社会工作联合会心理健康工作委员会常务理事

中央电视台《心理访谈》特邀嘉宾

青少年自伤是常见问题，有不少的青少年在一生中至少自伤过一次。身为助人者，我们必须先克服自己内心的不安，再去逐步探析其自伤背后的心理成因。本书将带领读者穿越自伤个案的私密心理历程，使其更加科学地帮助那些迷失于痛苦中、亟需专业协助的孩子。

周苏鹏

陕西省儿童心理学会会长

在青春期旅途中，自伤是一些青少年最容易被误解、最可怕的行为之一。米歇尔·米切尔在其所著的《折翼的精灵：青少年自伤心理干预与预防》一书中，针对这一行为进行了一次有价值的探索。米歇尔的智慧、热情和同情心为读者指出，一名自伤的青少年真正需要的是什么，这对于有自伤青少年的家庭、其所在学校以及与这些青少年一起工作的社区组织来说是必需的。通过阅读这本有价值的书，读者能理解和掌握真正准确的知识，并由此做出积极的改变。

玛吉·登特（Maggie Dent）

作家、教育家和心理弹性专家

当父母发现自己的孩子自伤时，他们常常感到害怕、不知所措，而这却是一个不被广泛谈论的话题。这本书包括了研究、专家建议和勇敢的个人故事，将为许多家长提供支持和希望。米歇尔在这一非常敏感的话题上做得非常出色。

科莱特·斯马特（Collett Smart）

心理学家、教育家和作家

凭借令人信服的智慧和同情心，米歇尔·米切尔揭开了自伤的面纱。她很好地对重要的研究成果和广泛的经验加以利用，并提供了许多生动而真实可信的案例，不仅为那些自伤的青少年，也为那些爱着他们的人发出强烈而辛酸的呐喊。这本书实现了一个跨越，即它成为一种智慧的、深思熟虑的、迫切需要的资源，为所有阅读它的人提供了强大的洞察力、实用的战略路线图，最重要的是给读者带来了希望。

凯伦·杨（Karen Young）

作家、演讲家、儿童和青少年焦虑改善专家

这是一本实用的、富有同情心的最佳实践方法书，任何家长都可以阅读。米歇尔将理解与真正的关心结合起来，帮助那些有自伤困扰的青少年的家庭。我认真拜读了这本书，并强烈推荐给大家！

贾斯汀·库尔森（Justin Coulson）博士

畅销书作家、澳大利亚顶尖的育儿专家

对直面自伤青少年的所有父母、护理员或教育工作者来说，这本书是他们非常需要的。这些资源非常及时，不仅提供了可靠的和经过深入研究的指导，而且还带来了希望并指明了前进的方向。

莎朗·怀特（Sharon Witt）

畅销书作家、教育家和演讲者

在米歇尔的教导下，参加儿童心理弹性会议的代表们受到了鼓舞和激励。她为人处世的风格，加上她丰富的智慧和经验，将参会的人紧密地联系在一起。米歇尔以一种有意的包容的语气来处理一场艰难的讨论。在自伤这个话题上，米歇尔是一个真正的力量来源，同时她又有一颗迷人和温柔的心。

珍妮特·尼豪斯（Janet Nyhouse）
儿童心理弹性会议活动经理

读了米歇尔关于“自伤”这个具有挑战性的话题所阐述的观点，让我对这个问题有了更深刻的认识和理解，我觉得自己更有能力帮助那些因此受到影响的个人和家庭。这本书有时读起来会让人感到不安和痛苦，但米歇尔确保整本书都充满着希望。这本书将帮助父母、老师、专业或非专业人士，引导自伤的孩子们战胜这一挑战。

安妮·卢利亚诺（Anne Luliano）**牧师**
澳大利亚新南威尔士州救护车牧师创始人、牧师培训师

看到自伤在澳大利亚年轻人中非常普遍，让我心痛不已。令人鼓舞的是，有像米歇尔这样的专家以其宽广的胸襟肩负起了该领域的重担。我也希望，作为父母，我们能够帮助我们的孩子在自残的黑暗中前行，走向更加光明和健康的未来。

凯蒂·霍特科（Katie Hotko）
三个孩子的母亲

当米歇尔提出要写一本关于自伤的书时，我高兴得跳了起来，终于有人勇敢地触碰这个充满了挑战的话题，这是一个影响了我们家和其他无数人的话题、一个经常被误解的话题、一个我们通常不想谈论的话题、无论如何在公共场合都不会去谈的话题。无论你是读过她的书，还是有幸听过她的演讲，你都能从中获得与积极生活相关的工具，以及最大的礼物——希望。

梅林达·保罗（Melinda Paulo）

两个孩子的母亲

每一位有孩子的父母都应该读一读《折翼的精灵：青少年自伤心理干预与预防》这本书。米歇尔·米切尔介绍了关于自伤的事实和数字，以及来自自伤者家庭的个人故事。最重要的是，她向成年人提供了处理这个问题所需的工具和资源，包括可能是自伤预警信号的行为，如何富有同情心地对待年轻人以及男女自伤者的差异。

米歇尔·科·佩吉（Michelle Koe Page）

药剂师、顾问、Unbreakable Moms **的联合创始人**

我强烈建议每一位家长、护工、监护人、老师、青年工作者、牧师和学生心理辅导员都读一读米歇尔的新书《折翼的精灵：青少年自伤心理干预与预防》。它将给予你在帮助有自伤的青少年及其家庭时所需要的洞察力、同情心、理解和工具。米歇尔从不同的视角对这个问题进行了全面及非评判性的分析，这对于我们理解和帮助青少年解决这一问题极具帮助。这是一本必读书。米歇尔，谢谢你！

路易斯·克劳尔（Lousie Klar）

创世纪基督教学院学生心理辅导员

推荐序

自我伤害行为近年来日益得到临床心理学工作者的关注。在美国精神病协会最新一版的《精神障碍诊断与统计手册》（DSM-5）中，自伤作为一个新的障碍被纳入。自我伤害行为主要发生在青少年人群中，这种行为给自伤者自身造成相当大的损害，同时也给他们的父母带来极大的压力。

过去 20 年里，国际上出现了不少对自伤行为的研究和干预探索。今天，精神病和临床心理学领域的专家对自伤行为的了解大大深化了，对自伤行为的治疗干预也有了相当显著的进展。例如，我们已经知道，自伤主要是一种情绪管理障碍，自伤者一般是借这种方式来消解汹涌而来的情绪痛苦，或是进行自我惩罚，又或是以此来寻求刺激或是控制他人等。我们还知道，虽然自伤行为看起来很吓人，但自伤行为青少年是可以很有效地得到帮助的，例如辩证行为疗法（dialectical behavior therapy，DBT）就是有效的自伤干预方法之一……

虽然专业领域对自伤行为探讨的热度持续不衰，现实生活中，我们却极少听到人们谈论自伤行为。这当然不是因为自伤很少发生——西方的研究显示，自伤在青少年中的发生率超过 20%；而我们团队的研究显示，中国青少年自伤发生率在 30%~50%。人们之所以对自伤讳莫如深，是因为它往往是充满了羞耻、愤怒、悲伤的强烈情绪，很多人不愿意去触碰。无论是自伤者本人还是其身边的家人朋友，都太难去面对它。因此，大部分自伤者不会主动去求助，他们的家人往往束手无策，不知道该怎样为自伤者提供有效的支持和帮助。

本书是一本面向自伤者家人的科普读物。书中对自伤行为的主要研究成果进行了概括性的梳理，然后全面介绍了应该如何为有自伤行为的青少年提供有效的帮助，包括怎样开始跟他们就自伤展开谈话、如何寻求全面的治疗及干预方法、家庭成员之间如何互相扶持渡过难关等。更为可贵的是，作者通过各种生动的临床案例，将自伤青少年和家长的心路历程直观地呈现在读者面前，让读者能从中获得触动和启发。

事实上，不论你是心理学工作者、爱好者，还是正在被自伤行为困扰的当事人或其家人，都能从本书中获益。对于临床心理工作者而言，你可以从本书中获得关于自伤行为的基本认识，也能从真实的案例中进一步理解这一行为背后的心理动机，从而更好地用非评判性的态度去洞察和共情他们；对于被自伤困扰的当事人来说，他能了解在自己身上究竟发生了什么，怎样才能获得更好的帮助；对于自伤者的家人来说，这本书更是一本行动指南，它会告诉你如何帮助自伤者从困境中摆脱出来，重拾充满希望的人生。

自我伤害行为并不神秘，也不可怕。没有一个人生来就该承受它带来的痛苦，更没有人应该因此而被人孤立和厌恶。自伤青少年需要更多的理解、更对路的家庭帮助和学校帮助、更有效的专业咨询与治疗。本书就是对这些需要的部分回应。

希望更多的人能从这本书中获益。

中国心理学会临床与咨询心理学专业委员会主任委员
教育部大学生心理健康教育专家组成员
华中师范大学心理学院博士生导师

译者序

在我们的传统文化中，有“身体发肤受之父母，不敢毁伤”这一说法。虽然现在人们不太会把这句话挂在嘴边，但这种理念或多或少都影响着我们。所以，“自我伤害”这种事，似乎应该远离我们。

我刚开始读研的时候，曾协助过师姐做自伤主题的毕业论文，第一次接触到有自伤行为的青少年。那时我负责指导过来参加研究的中学生完成相应的实验任务，然后非常偶然地，我看到了一个小男生微张的袖口里，他细细的胳膊上一排密密麻麻、还没有完全愈合的伤疤。我很难形容当时这一瞥给我带来的冲击有多大，就记得自己很慌乱地移开了视线，生怕让他觉察到我看到了他的“秘密”。那是我第一次近距离地接触到自伤的青少年，也意识到自伤可能并不遥远——它可能就在你身边，但你根本就不知道。就像如果不是我无意间看到那些伤口，我怎么会想到，一个看上去温和稚气的小男生会这样对待自己。

后来我开始关注这个群体，读了很多相关的文献，也做了一些研究，慢慢地对自伤相关的知识有了更多的了解，但也总觉得缺了一点什么。直到我深入访谈几十位自伤者之后，才觉得自己好像真的理解了他们：我看到了他们的痛苦和挣扎，看到他们陷在负面的情绪中难以自拔却又急于逃脱，也能看到很多自伤者都非常乐于为他人着想的一面——因为不想让他人觉得自己是负担，所以就自己默默解决……当遇到活生生的人时，那些冷静、客观的研究成果一下子就变得鲜活起来。

遗憾的是，虽然近些年来关于自伤的研究成果已经非常丰富，但是这些成果多数还停留在书本和论文中，并没有很好地推广到对自伤者的临床服务上。机缘巧合，我接手了本书的翻译，并欣喜地发现，原来已经有人把我们略显生涩的研究成果用通俗的语言娓娓道来，更重要的是，它结合了大量真实的案例。这些案例有一些和我当年访谈时接触到的孩子如此相似，再次引发了我深刻的感动。

《折翼的精灵：青少年自伤心理干预与预防》是一本面向自伤青少年的父母的实践方法指导手册。我能想象当父母发现自己的孩子自伤时是多么地痛心，也能体会到他们的害怕，因为这些行为很容易让人联想到孩子是不是想结束自己的生命。但父母最深切的感受可能是无助，他们很想帮助自己的孩子，却觉得无从下手，而本书则为不知所措的父母提供了最简洁清晰的行动指南。本书首先简要介绍了关于自伤的基本研究成果，并根据当今的时代特点，详述了网络在自伤行为中的作用及不同于传统自伤行为的网络自伤。在此基础上，详尽地讲解了该如何与青少年就自伤问题展开谈话，并怎样充分利用周围的资源来帮助自伤青少年顺利解除自伤的困扰。除此之外，它还提醒父母，应该争取家庭成员的支持，大家互相扶持渡过难关。这正是父母们急需了解的内容。

另外，这还是一本适合专业的助人者阅读的、充满着温情和希望的专业读本。作者米歇尔·米切尔常年专注于青少年的心理健康问题，她在书中不仅提供了在帮助自伤青少年时所需要的专业知识，更是体现出了她对这些遭受心理困扰的孩子的充分理解和尊重。这种态度，是在帮助这些青少年时最为核心和基础的部分，值得我们认真地体会和学习。

在翻译这本书期间，我自己的第一本关于自伤的学术专著也在进行最后的修改。在那几个月内，两本风格迥异的书不断地在我的头脑中交替，非常“烧脑”，但也给我带来了新的思考和启发。很多时候，当我面对着一份书稿觉得思路受阻时，会很自然地点开另一份，也许就会有新的灵感出现。虽然因为时间仓促，书稿中还有很多不尽如人意的地方，但我真心希望能通过自己的这些工作，给深受自伤困扰的人们带来一点希望和改变。

最后，尽管我力求在翻译的过程中能将作者的个人写作风格准确地体现出来，但由于东西方在语言表达习惯上的一些差异，有时我发现自己很难将一些词句准确地表达出来，因此希望读者能多包涵，也敬请各位批评指正。

我为什么写这本书

20年前，我离开了教学岗位，成立了一家名叫卓越青年（Youth Excel）的慈善机构。该机构为成千上万的年轻人及其家人提供生活技能培训与指导以及心理疗愈服务，它带领我进入了与健康和幸福相关的领域，并与最出色的指导人员、心理学家、医生和专家一同工作。我的职业生涯由此变得很接地气且工作极具可操作性。

我们机构的一大亮点是创建了“卓越青年中心”（The Youth Excel Centre），这是一个多学科的诊所，每周能为大约120个家庭提供心理咨询和辅导服务，这些服务是由我们设在澳大利亚布里斯班的办公室和现场学校提供的。我们处理了涉及不同性别、不同年龄段（从小学到成年早期）的自伤事件，有时候也为他们的父母提供帮助。

正如研究表明的那样，治疗自伤是非常有挑战性的，因为该行为会导致父母不断地去寻找其他的支持方法，可能这就是很多父母会定期与卓越青年中心联系，请我为他们的孩子提供辅导的原因。这些年轻人要么拒绝去看心理医生，要么想和心理医生一起去见“导师”。有些年轻人认为导师不那么有威胁性，也不那么“临床”。一些医疗专业人员直接向他们推荐了我，因为觉得对这些“将所有的服务都光顾了一圈”的年轻人来说，我这名导师是很适合他们的。我总是建议他们，在寻求医疗帮助的同时，也要获得非医疗的支持。

回顾这些年的经历，我可以坦诚地说，我最难忘的“生涯时刻”是那些克服自伤欲望的年轻人带给我的。我曾有幸为一位名叫尤妮丝的女生在其高中时期提供指导，现在她同我一起，为自伤者的父母或研究自伤的专业人士做一些演讲。你将在第 10 章读到她的故事。如今，她在大学学习心理学，但我还依稀记得她的母亲把浴室地板上的血迹擦干净，没收她卧室里带着血的剃刀时的场景。那种日子没有哪个母亲愿意再次经历。

父母在面对无法控制孩子情绪或行为的残酷现实时，他们那种极度的绝望眼神令我记忆深刻。对于父母来说，没有比他们看到自己女儿大腿上的伤口、儿子胳膊上的淤青或烟头烫痕更痛心的了，尤其是当他们得知这是孩子自己故意弄的，而且很有可能会再次出现时。你需要巨大的勇气和力量去陪伴孩子们度过他们最具挑战性的时刻。我不断地听到克服自伤的年轻人称赞他们的父母会坚定地站在他们身边并且支持他们。

当我写这本书时，我采访了许多的年轻人、他们的父母、教育工作者和心理学家。他们一致认为，父母在孩子的生活中处于重要地位，并且对自伤的孩子的发展轨迹具有深远的影响。

其实，我本人是无法给予父母足够的力量和支持的，因为只有他们自己才会引导自己的孩子保持镇定，健康应对，并过上美好的生活。

如果你的孩子在自伤中挣扎，我想提醒你，你才是你的孩子最可靠的支柱。虽然你付费请来的心理学家会对孩子有所帮助，但是他无法取代你；你倾注了大量希望的学校里的老师也会有所帮助，但他同样无法替代你。作为孩子的父母，你是独一无二的，在他们的生活中是不可取代的。你是他们的“恒量”，你与他们的联系就是他们赖以自我发现和恢复的一切。

我经常说，做好父母是非常困难的，当你养育的孩子正在遭受自伤之苦时，更是如此。毫无疑问，自伤会考验父母所拥有的每一分耐心、力量和勇气。当然，一位充满爱心的家长会用尽各种办法来找到这些东西，并在需要的时候能拥有更多。

尽管自伤是一个令人头疼的话题，但它的确是一个非常重要的问题。我相信，通过更诚恳和公开的讨论，我们面对这一重大健康问题时就不会沉默了。讨论的内容涉及如何帮助家有自伤孩子的父母预防、理解或应对自伤的关键信息。

我发现，一旦我们用实用的工具武装了今天，明天才会变得更美好。

Self Harm
Why Teens Do it and What Parents Can Do to Help

目 录

第 3 章

第 4 章

第 5 章

必不可少的对话 / 085

第 6 章

专业支持和学校的作用 / 107

第 7 章

自我关照和安全计划 / 127

SELF HARM

WHY TEENS DO IT AND WHAT PARENTS CAN DO TO HELP

第 1 章

认识自伤

自伤是许多成年人很难理解的话题之一。很多成年人会疑惑："为什么有人会伤害自己呢？"那些有自伤行为孩子的父母则每天都在纠结："我的孩子为什么要伤害自己？"

自伤似乎违背了人们自我保护和生存的天性。因此，对于自伤者的父母、祖父母、兄弟姐妹和朋友来说，"自伤"是一个令他们困惑、痛苦但又不得不去接受的概念。自伤能唤起人们最强烈的焦虑感，家庭成员会自然而然地变得具有高度的保护倾向和高反应性，并生活在一种不健康的、令人疲惫的高度警觉状态中。

我也经常听到老师们在一起焦虑地谈论自伤。他们可能会说："她在糟蹋自己的身体""也许他只是需要坚强一点""每个人都会碰到问题""是什么让她的生活这么戏剧化的"或是"我想知道这在多大程度上仅仅是为了引起人们的注意"。

我注意到，专业人士的默认反应通常是羞辱、责备和批评，不是他们不想提供帮助，而是他们不知道该如何处理。

我甚至发现，当我在面对一名无法取得进展的来访者时，会偷偷地想："怎么可能会这么糟糕？"当你希望对方过得好，但他自己却不想过得好时，你会感到非常沮丧。然而，为了“帮助他们改善”，我不得不刻意地努力。我必须以开放的心态与耐心去接触每一位和自伤做斗争的年轻人。

什么是自伤

自伤的官方术语是“非自杀性自伤”（non-suicidal self-injury，NSSI），简单来说，自伤就是你在没有自杀意图或想法的情况下故意伤害自己。

大多数年轻人故意伤害自己是为了应对、表达或控制情绪上的痛苦，有些人则将自伤作为一种自我惩罚的方式。虽然自伤可能会带来暂时的缓解，但重要的是，它并不能解决问题。

英国《2015 年儿童和青少年心理健康报告》（*the 2015 Mental Health Child and Adolescent Report*）指出，大约有 10% 的年轻人在其高中的某个阶段会有意识地尝试自伤。其他研究表明，自伤行为一般发生在中学阶段，发生率大约为 7%~24%。自伤现象可能比大多数研究所报告的要普遍得多，因为这些研究通常都是基于那些在自伤后去寻求医疗帮助的年轻人数据。但我们知道，许多年轻人在自伤后并不会寻求帮助，而且这种行为往往会在临床服务中被隐藏起来。

虽然一些儿童和成年人也会自伤，而且这种情况会从童年持续到成年，但大多数自伤者的年龄在 11 岁到 25 岁之间。那些自伤一次以上的人，通常会在两年内停止这种行为，仅有 20% 的人能将该行为持续五年以上。对年轻人来说，随着他们从青春期进入成年，他们停止自伤并发展出其他的应对策略是很常见的。

但是，人们也认识到，自伤史是个体成年后再次自伤最重要的预测因素。由于每三个自伤的年轻人中，就有一个会在接下来的一年里再次自伤，所以自伤可以被归类为高度成瘾行为。

我特别热衷于对自伤进行早期的干预和预防，因为在这段时间里，个体对关心他们的成年人所带来的支持，反应最为积极。

自伤与自杀的关系

当父母发现他们的子女有自伤行为时，他们通常会怀疑孩子是否想死。因此，我就这个话题做一些具体的讨论，也希望能够以诚挚、全面和引人深思的方式回答大家的一些问题。

自伤在个体有死亡意图（自杀未遂）或没有自杀意图的情况下都可能产生。尽管人们承认，很难明确区分个体的行为意图，但总的来看，非自杀性自伤的发生率比有自杀意图的自伤要高出三倍。

以前人们认为，自伤与自杀之间存在一个严重程度的连续谱。然而今天，人们越来越倾向于认为自伤是一种独立的心理问题，有其自身的心理特征。虽然自杀和自伤之间的联系还有待进一步研究，但有足够的证据表明，自伤可以完全独立于自杀想法或行为。我们需要明白，自伤的人并不一定是想死的。

我个人曾接触过数百名自伤但没有自杀意图的年轻人。其中有些人说过他们想死，但他们真实的动机是想逃离目前的处境，而非想结束自己的生命。我也遇到过一些试图自杀的年轻人，他们中有些人是完全“出乎意料的”，即在他们尝试前完全没有谈论过自杀，而另外一些则是意料之中的。这对于他们的家人和我本人来说，这一切都是令人心碎的悲剧。

雪伊的故事

雪伊在经历了至少一年频繁的自伤后找到我。这名 15 岁的女孩患有严重的抑郁症，她还怀疑自己的性取向。对她来说，除了她在高中要应对那些所谓的“正常”的戏剧性事件外，这些都是很重要的事情。

雪伊愿意让她的母亲在我的这本书中分享她的故事，以帮助其他家庭更好地理解自伤。

雪伊一家人的勇气令人敬佩。当我读到这位母亲写给我的内容时，我再次意识到父母对孩子的痛苦体会得有多深刻。我希望这个故事能以某种方式打动你，也希望雪伊的经历能为那些正在经历艰难时期的家庭带来希望。

我们的大女儿身体麻木了。伤口给她带来了疼痛，她觉得疼痛是她应受的。她偷偷地割伤了自己的大腿，然后将伤口隐藏起来。她在自己房间藏有一把小刀，我们对这一切一无所知。我女儿做事总是非常退缩，她不希望跟别人有任何形式的接触。有时候，我会到她房间挨着她躺下来，但是她不想我碰她。作为一位母亲，我只是想用一颗母爱之心将她包裹起来，带走她所有的痛苦！

我们带她去看全科医生，给她做了血常规一类的检查，想查一查是否是身体上的原因导致了她的情绪问题。检查结果出来，除了缺铁之外，她身体没有什么问题。大夫建议我们去看一下心理医生。

我女儿曾找过学校的心理辅导老师。正是在这期间，她发现自己性取向出现了问题。这对我们一家人来说真的很棘手，但我们下决心要找到一位不仅对我们也对她来说都最合适的人来解决这个问题。当一切都公开后，她显得不知所措。我们简直不敢相信，她对什么都提不起兴趣，心烦意乱，还曾尝试着服用过量的药物，只想昏睡着不做任何事情。我处理了所有的事情，先打电话给医生，安排她住进医院，陪护好几个晚上……直到我们把她安全地带回家，让她躺回自己的床上。

做完这一切，我坐在家里的淋浴下抽泣起来。我想大声叫喊，我想打人。一名十几岁孩子的感受我多少也理解了一点，这是我们的至暗时刻。作为一名母亲，我感到完全被孤立了。我很害怕被评价，有了一种辜负了女儿或是即将让她失望的感觉。这是一整个悲伤的循环，令人惊讶的是你可以飞快地浏览这个循环。我感到非常的孤独。

有时候我很想站在门口的台阶上大喊“我需要帮助”，有时候又想把自己关在屋子里，因为我觉得自己实在太脆弱了。

在这期间，我们的女儿又有其他一些深层次的问题浮出水面，我们一次又一次地寻求专业帮助。为雪伊寻找到合适的帮助者是我们最重要的事情。我们不希望有人将自己的想法强加给我们的女儿，而是希望帮助者能和我们全家人一起工作，而不是把我们当父母的排斥在外。我们希望女儿能找到让她感到安全的人。我们花了一段时间终于找到了。

在这段时间里，我们改造一个小房间，以期构建一个积极的框架。作为一个家庭，我们一起取得了很多进步。现在回想起来，对我们来说曾是一段美好的时光。我们很自豪地说，我们的女儿从 12 年级毕业了。尽管有一段时间“跌跌撞撞”，但我们做到了！当女儿为正式社交场合做准备的时候，她简直像变了一个人一样。当她从镜子里看到漂亮的自己时，她撕掉了给自己贴的“标签”，打破了自己躲藏其中的“箱子”。我一直对她说：“现在你看到了我每天都能看到的东西！”

她现在做兼职。她对未来还没有很明确的方向，但我们没那么担心了。她还活着，时常会发出笑声或面露微笑，她很快乐！我想，对任何正处于困难时期的家庭来说，希望还在。

女儿她会永远保持微笑吗？我不知道。她还会再割伤自己吗？我也不知道。但如果我们能挺过去一次，我相信我们可以再一次挺过去。她现在长大了，也成熟一些了。我感觉如果问题再次出现，我们会应对得更好。

还有一件事，现在我们有了一个承诺，即无论我们和她之间发生什么问题都要进行沟通。

特别是在她毕业后，我们的确遇到了一些困难……当然，我们信守了这个承诺，都好好地谈了谈。

后来，我在一个活动上见到了雪伊和她的母亲。在和他们打招呼之前，我仔细地辨认了下，因为雪伊已经完全不是几年前我见到她的那个样子了。她坚强、笑容满面、做事目标明确，善于与人交往。相认之后，我们热情地拥抱！对这一鲜活生命怎么庆祝都不为过！我再次提醒自己，每一个经历黑暗时期的孩子都有希望。

虽然这本书的焦点是非自杀性自伤，但你会注意到，有一些故事确实显示出自杀的意图或想法。我希望这本书能描述自伤的复杂性，以及自伤可能会与自杀交织在一起这一现实。如果你曾经担心一名年轻人有自杀倾向，最显而易见的建议是，让他赶紧去医院看医生或是叫救护车。

我们总是觉得对自己的孩子再熟悉不过了，反而会得出一些不太准确的评判，所以客观的看法对父母来说非常重要。

医生会对某年轻人的自杀风险进行评估，并为你提供一个管理计划，同时还会转诊给专家。管理计划一般包含一些常见的预防措施，如拿走锋利的物品、某些处方药和其他高风险的家用物品。如果有必要，他们可能会让该年轻人住院治疗。

自伤的易感人群

令许多人吃惊的是，自伤并不被归类为心理健康障碍。然而，年轻人在自伤期间很可能存在心理障碍。焦虑、抑郁和冲动通常是很关键的因素，尽管需要心理健康专家来评估和确定它们所起的作用。

对父母来说，要以开放的心态去看待孩子过去的自伤行为和孩子总体的健康状况，尤其是孩子的心理健康似乎在过去是稳定的。对父母来说，孩子的自伤是“突然出现的”，我还发现，一些父母不愿意思考自伤和被认为是“精神疾病”这一标签之间的关系。一些家长可能担心药物治疗或心理治疗的进展过快，而他们觉得这是没必要的。

15 岁女孩艾米的母亲做了如下解释：

在这次我和艾米共同经历的旅程中，我最大的发现是，艾米遭受着重度焦虑的困扰。在这之前，我们并不知道她一直在焦虑中挣扎。现在这么说听起来有点荒唐，甚至有些尴尬，但当时我们真的从来没发现过。我花了一段时间才接受这一事实——我们的女儿正在与比自伤严重得多的事情做着斗争。焦虑剥夺了艾米处理思想和情绪的能力。意识到焦虑的感受，并指导如何在它变得更严重之前处理它，让艾米重新找回了控制自己的感觉。

不良的心理健康状况加上压力性生活事件（包括家庭问题或个人的痛苦）使得年轻人更容易自伤。对年轻人来说，各种因素的组合使得他们不堪重负，从而往往导致他们缺乏应对机制。自伤的频率和严重程度的增加也与这些组合因素的增加有关。家族的心理疾病史也是一个关键的危险因素。

自伤也与创伤和痛苦有关。在我和年轻人的工作中，我发现了以下与自伤相关的反复出现的一些问题：

- 与朋友关系不好；
- 遭遇欺凌和 / 或网络欺凌；
- 出现家庭分离或家庭冲突；
- 具有完美主义或成为成功人士的压力；
- 有男同性恋、女同性恋、双性恋或变性人的性取向；
- 遭受过虐待，特别是性虐待；
- 贫穷或低收入；
- 学业表现不佳；
- 家人或朋友染重病；
- 有糟糕的亲子依恋；
- 接触过他人的自杀或自伤；
- 有低自尊，尤其是与身体意象有关的低自尊；
- 有进食障碍；
- 有不良心理健康状况和 / 或有心理健康不良的家族史。

自伤的预警信号

当父母发现自己的孩子自伤时，他们往往会非常震惊。我经常提醒他们："你们看不到自己不想要的东西。"父母很容易忽略自伤的预警信号，尤其是因为自伤通常是一种非常私密的体验，根深蒂固地隐藏在秘密与羞耻之中。父母或许感到"有些事情不太对劲"，但他们可能在一段时间之后才会注意到或看到自伤的直接证据。

家长很容易忽视这些预警信号。我采访过的一位父亲曾说：

我看到了她腿上的伤口，但她告诉我，这是她上体育课时摔倒在不平整的草地上造成的。我当时就相信了她的话，也没有多想，直到我看到她胳膊上的伤口我才又想起之前的腿伤，而那已经是两年前的事了。现在回想起来，我真希望能早一点意识到她有问题，然后早帮她解决这些问题。

以下是一些常见的自伤预警信号：

- 非常了解那些自伤的人是怎么自伤的；
- 身上有不明伤痕；
- 总是穿长袖，从来不会脱下来；
- 披着或穿着宽松的衣服；
- 戴宽腕带，永远不摘；
- 有神神秘秘的行为；
- 发现可以用来割伤人的工具不见了，或是被放在奇怪的地方（如抽屉深处）；
- 需要长时间独处；
- 进行身体或社会隔离；
- 发现血迹；
- 在其物品中发现尖锐物品；
- 事故频发；

- 睡眠和饮食发生变化；
- 对日常娱乐失去兴趣；
- 情绪上有变化；
- 避免露出胳膊和腿，例如进行体操或游泳训练时；
- 自己洗衣服；
- 在学校成绩下滑。

自伤的类型

年轻人自伤的方式可谓五花八门。在网络上随便一搜“有创意的自伤方法”，你会发现它们的范围和种类有多广。尽管人们可能认为自伤就是割伤自己，但其实还有许多种不为大家所熟知的方法，如电击、烧灼、打自己（self-battery）、从危险高度跳下、突然停药、拔头发、针刺、冷冻、勒颈、窒息、过量服药、吞食无法消化的物品、火车冲浪（train surfing）①、高速驾驶和故意的不安全性行为。还有一种新的自伤方式是网络自伤，我们将在第 4 章讨论。

我在自伤的男孩和女孩中都见过他们屏住呼吸直至昏倒、用锤子砸碎或用车门夹碎手指尖、扒开伤口以至于它们无法愈合、将铅笔芯插入皮肤、用打火机或开水烫伤皮肤、吞下有毒物质、从明知不安全的高度跳下，故意用四肢撞墙致使其骨折。

我还想指出，在对自伤进行分类时，需考虑的是行为的意图，

① 流行于南美、欧洲的青少年搭乘火车的自杀式方法。——译者注

而不是行为本身。

例如，年轻人酗酒的原因可能有许多种。他们这样做可能是为了享乐，可能是为了获得社会地位，可能是为了自伤，也有可能是出于这些原因的综合。

几年前，我注意到女孩们很流行在书包里放一个自伤的小包包，里面装满了刀片、发夹、折断的圆规、铅笔和小刀，万一她们想自杀就可以把它拿出来。在一些学校，女孩们会带着她们的这个小包包去参加集体自伤会。集体自伤会是一种比较少见的自伤平台。网络自伤会与集体自伤会类似，但是由于其性质可能具有匿名性。

父母们经常问我，饮食障碍是不是一种自伤。饮食障碍被正式划分为一种独立的精神障碍，其核心目的是改变个体的外貌，而不是为了造成伤害。不过，饮食障碍很少是独立的行为，它通常与其他破坏性的应对策略有关，包括自伤。青少年有可能会利用诱发呕吐或过量运动等饮食障碍的症状来伤害自己，同样这也是用意图来区分自伤。

来自青少年发展中的自伤研究平台（the Place of Self-Harm in Adolescent Development）中的研究将自伤分为割伤（为 55.9%）、过量服药（为 22%）、打自己（为 11%）和其他多种方式（为 10%）。这就解释了为什么自伤通常被称为“割伤”。“其他多种方式”是一个杂项类别，它将除了割伤、过量服药、打自己之外的其他形式的自伤都归入这一类。

自伤的性别差异

我想分享一下我的经验，即性别如何影响自我伤害的，希望能开阔你们的眼界及提升与年轻人沟通的能力。尽管我知道这些想法会有很多例外情况，但我也知道这些观点将会得到一部分读者的支持。

大多数研究表明，女性自伤的比率要高于男性。《欧洲儿童和青少年自伤研究》（*the Child and Adolescent Self-Harm in Europe Study*，*CASE*）调查了 30 000 多名多数为十五六岁的青少年，结果显示大约 8% 的女性故意自伤，而男性只有 5%。《青少年自伤自杀》（*the Self-Harm and Suicide in Adolescents*）研究论文特别评论了 12 岁至 15 岁的男孩和女孩之间的差异，指出二者的比率高达 5：1 或 6：1。

研究表明，男性和女性在伤害自己的倾向上有很大差异，男性倾向于高危行为，而女性倾向于自伤。女性更有可能报告割伤或是过量服药，而较少使用诸如打自己、上吊或从高处跳下等方法。

在我为写这本书采访过的年轻男性中，很少有人愿意公开分享他们的自伤经历。他们也不愿承认自伤，因为这看起来像是“女人的问题”。根据我的经验，男孩们不太可能将自伤看作一种应对策略，也较少在自伤过程中感到孤立无援。那些被认为是跨性别或是在与性别认同做斗争的人，认为自伤加剧了他们已经感受到的差异。

我们在社会化男孩的过程中，常常阻碍他们用女性化的方式来表达情感上的痛苦。期待他们“像男人一样”处理生活，对男孩们以及他们表达痛苦和寻求支持的方式产生了巨大的影响。

雅各布曾到卓越青年心理诊所（Youth Excel’s Psychology Clinic）寻求帮助，他很友好地讲述了自己的经历。雅各布告诉我：

我不知道还有其他男孩会自伤。坦白地说，当时我以为自己是世界上仅有的几个自伤的人之一，而且不可能有其他男人会做这种事，因为我认为这个主要是女孩的事（这可真得感谢好莱坞）。我这么做是因为我不在乎了，真的。我个人不认识任何自伤的男性，这类人在我的交际圈子里很少见。

当我问一群男孩是否“自伤”时，其中一个男孩回答说：“这取决于你怎么定义自伤。男孩们挥拳打东西，结果弄断了自己的手。他们并不是有意要弄断自己的手，但当你用力击打那么硬的东西时，这种情况就会发生。我不知道这是不是自伤。”当我问他们是否有意伤害自己时，他们大多回答“不知道”。我们用意图来定义自伤，但这些男孩并不想将它们联系起来。

我请作家、教育家、“男孩捍卫者”麦琪·丹特（Maggie Dent）评论一下男孩与自伤的关系。有趣的是，丹特强调了男孩去做高危险行为的自然性，她说：“男孩们经常弄伤自己，大多数时候他们都是无意的，主要是因为冲动、找乐子、兴奋得头皮发麻时所做的冒险行为，他们经常寻求胜利或征服，这样显示他们内心自我价值的指标就能提升起来。男孩们往往将疼痛时刻看作成熟的一部分，而不是失败的标志。”

她还提醒大家注意迈克尔·古里安（Michael Gurian）在《拯救我们的儿子》（*Saving our Sons*）一书中所写的关于男孩疼痛阈值的描述。她对男性生物化学、大脑结构和疼痛耐受力的描述说明了在疼痛反应和疼痛耐受性之间存在显著的性别差异。丹特评论道：“迈克尔解释了这就是为什么男性不仅比女性感受到更少的疼痛，而且会比女性更多地去寻求疼痛。”

一个男孩自身缺乏自我意识，可能会导致他从感受直接跳到行为，却很少意识到将这两者联系在一起。对于一个他认为“正常”的行为，或者更糟糕的是，让他很困惑或羞愧的行为，他可能很难去寻求帮助。培养年轻人的自我意识是非常重要的。若我们的男孩们无法将感受和想法联系起来，那他们真的就处于劣势中。

尽管我在本书中使用了很多关于女孩的故事，但我一直想要强调关注那些表现出不良心理健康状况和冲动迹象的男孩。他们可能完全没有意识到他们是在用危险的行为来应对或表达情感上的痛苦或惩罚自己。那些缺乏支持性网络、缺乏伸出手寻求帮助的能力的男孩是最“有危险”的。自伤的年轻男子自杀的风险要高得多，因此特别需要关注。

总结性思考 | SELF HARM

自伤是一种非常容易上瘾的行为，能给男性和女性都带来一种独特的、预约的控制感，而这是其他应对策略很少能做到的。“意图定义自伤”这一核心认识对于我们发现年轻人自伤的迹象非常重要。那些不被认可的自伤形式，如果不被理解和支持，可能会具有极大的破坏性。在下一章，我将讨论自伤相关的心理学和基本生理学内容，以及早期干预如何减少自伤成为习惯性行为的可能性。对我来说，这是父母在自伤问题上能得到的一些最重要的信息。

本章核心观点

- 大多数年轻人故意伤害自己是为了应对、表达或控制情绪上的痛苦，有些人则把自伤当作一种自我惩罚。
- 自伤不等同于“割伤”，而可能是任何带有自我毁灭想法的行为。我还想指出的是，能对自伤进行分类的是行为的意图，而不是行为本身。
- 尽管自伤可能会带来暂时的缓解，但需要注意的是，它并不能解决问题。
- 尽管自杀和自伤之间的联系还有待进一步研究，但已有足够的证据表明，自伤可以完全独立于自杀想法或行为。
- 我们因为自认为太熟悉自己的孩子了，反而不能得出准确的结论。所以，一个客观的意见非常重要。
- 令很多人吃惊的是，自伤并没有被归类为一种心理健康障碍。不过，年轻人在自伤期间很可能是有心理健康障碍的。

- 我经常提醒父母们：“你们看不到自己不想要的东西。”父母很容易忽略自伤的预警信号，尤其是因为自伤通常是一种非常私密的体验，根深蒂固地隐藏在秘密与羞耻之中。
- 研究表明，男性和女性在伤害自己的倾向上有很大差异，男性倾向于高危行为，而女性倾向于自伤。

SELF HARM

WHY TEENS DO IT AND WHAT PARENTS CAN DO TO HELP

第 2 章

产生自伤的心理和生理因素

几年前，一位校长给我打电话，讨论她们学校一个令人担忧的趋势问题。“自伤像癌症一样在蔓延，”她说，“你能帮上什么忙吗？”她说得没错，她所在的学校和我工作过的其他学校一样，学生自伤的情形突然增多了。一些受欢迎的学生将他们自伤的照片传到网上，进一步助长了这种行为。

我查阅了相关研究，试图弄明白他们所面临的现象。那些了解他人自伤或试图自杀的个体也会增加自伤的风险。我在一项个案研究中发现，了解其他人如何自伤的年轻人自伤的可能性要高 30%，这表明同伴群体是诱发个体自伤的一个关键因素。

我一次又一次地看到学校里的自伤行为的蔓延。因此，我和许多学校的老师一样，对这一盲目模仿现象感到担忧。有太多的年轻人告诉我说，他们在学校听过有关自伤的演讲或参加相关的研讨会后，会有试图伤害自己的想法。这就是为什么当学校暴发“自伤流行病”，让我和他们的学生谈谈自伤时，我会建议跟学生们多谈谈自我观照、心理韧性和感恩，这些才是能促进持久变化的话题。

尤妮丝也是在学校第一次听说自伤的。她写道：

我上八年级的时候，第一次从学校和朋友那里了解到自伤。我记得当时我在想，如果别人认为自伤可能有用，那肯定也会对我有帮助。

她的妈妈补充道：

九年级的时候，她对一次演讲很感兴趣，但不幸的是，这次演讲给她带来了更多的想法而不是帮助。这件事对她的影响让我非常失望。

对尤妮丝来说，自伤很快就成为她生活中习以为常的一部分，并对她产生了很大的影响。

在我这里做过相关心理辅导的绝大部分年轻人都有过自伤行为，因为他们曾看到别人这么做，或是别人建议他们这样做。青少年在青春期受同龄人的影响很大，所以他们更有可能尝试同龄人建议他们做的事情，不管是“割伤”还是吸毒、酗酒等。他们所拥有的陪伴非常重要，对他们会产生巨大的影响。研究表明，脆弱的人会因为共同的压力而聚在一起。

和我交谈过的男孩们告诉我，他们因受到如何与女性交往的影响而决定自伤。

保罗在八岁的时候曾尝试过割伤自己，他对我说：“我试着用它来吸引女孩子。那些女孩们每天都在谈论割伤自己这事。我只是为了融入其中。不过我很快就摆脱它了。我在那儿玩了一段时间的

‘情绪摇滚’！”

我也遇到过一些男孩，他们很崇拜年长的男性，因为这些人在情绪高涨的时候会用高风险的行为来应对情绪。通过观察这些男性，男孩子们学会了用类似的方法处理自己的情绪。在愤怒的情况下不顾一切地飙车，或是用拳头疯狂击打墙壁直到血肉模糊，都可能会被视为不成熟、发泄或是自伤的表现，到底是哪一种表现取决于观众的视角，最终也取决于这个年轻人的意图。

青春期的开始

我注意到，青春期开始的时候，也是年轻人经常会尝试自伤的时期。有趣的是，《自伤和青少年报告》（*Self-Harm and Adolescents Report*）中的一项调查显示，自伤的开始与青春期有关，而不是与特定的年龄有关。有研究表明，由于男孩的青春期开始得较晚，因此，男孩往往比女孩更晚开始自伤。自伤和青春期之间的联系与这段时间神经发育的脆弱性有关，而这会增加情绪不稳定的风险。

《青年心理健康报告：青年调查》（*Youth Mental Health Report: Youth Survey*）还指出：

> 青春期对所有年轻人来说都是一个巨大变化的时期，可能会带来身体、社会、情绪和学业上的一系列挑战。在这个时期，年轻人正在建立对自己的认同，寻求更大的独立性，向成年人过渡，而且常常会面临来自学校和社会环境的压力。这一时期也是许多心理健

感障碍发病的高峰期。

在这段时间里，年轻人在学习如何管理自己的身心健康与快乐时，肯定需要额外的支持。

无论是四岁、七岁还是九岁，青春期的开始对年轻人来说都是一个重要的时期。研究表明，女孩们在这段时间特别容易割伤自己。然而，青春期通常伴随着对个体一系列其他的影响。年轻人，尤其是女孩子，可能也很容易受到社会不稳定性因素的影响。其他会显著增加风险的因素包括抑郁症状、酒精滥用和性行为的开始。

《青少年自杀和自伤研究》(*Research from Self-Harm and Suicide*)将青春期和其他影响青少年自伤的因素放在了一起进行研究，所探索的影响因素包括基因和生物因素、精神障碍、人格因素（如冲动型人格、完美主义和低乐观主义）、暴露于他人的自杀或自伤、对年轻人来说可能的自伤机会、负性生活事件或社会问题。青春期是一个身体和社会认知都在发生变化的时期，通常会导致上述问题更加严重。

阿曼达的故事

阿曼达现在是一名八岁孩子的母亲，她非常热情地和我分享了她的故事。阿曼达在 10 岁生日来临之际迎来了她的月经初潮。这对一名小女孩来说，要处理的事情太多了！青春期的开端对她来说预示着一个疯狂时期的开始，会让她的整个生活，包括她的心理健康都陷入了混乱。她从六岁开始割伤自己，在接下来的几年里，她开始喝酒、抽烟，并从事其他冒险行为。

她回忆说，在她初次割伤自己时，她的“头脑”觉得做什么事都很无聊。有一天，她坐在自己的房间里，决定拿起刀片划破手臂。她不记得是听什么人提起过自伤，还是从她爱读的青少年杂志上读到过。

阿曼达说：

回想起来，我从很小的时候心理状况就非常差。我需要内啡肽的猛劲帮助我应对，所以我经常做一些不只是自伤的事情，比如我以前还偷东西。这里的问题就是，我必须“再干一次”，然后“再干一次”，所以这是一种错误的应对意识。你并没有进行应对，但你却认为自己在应对。这些都是为了掩饰。你认为这是一种应对机制，但它根本就不是。这仅仅是因为你不想处理你内心正在发生的事情。

当我进入青春期，我不仅是开始自伤，还停止了一些积极的活动，比如放弃了我擅长的芭蕾。我认为自己的腿很粗，紧身连体衣遮不住我正在成长的身体。我不想展示我的双腿，这很有意思，因为在第二年我想的就是去炫耀它们了。那是在四年级，大约 10 岁的时候，我的一切都改变了。

当我听到她的故事时，我意识到除了青春期开始得早之外，还有其他的因素，如她的家族中严重的抑郁症病史、冲动和冒险精神，这些都让我印象深刻。阿曼达在九岁的时候曾经历了亲人的离世，她认为这件事对她产生了重大影响。她喜欢看恐怖电影和书籍，医院的心理健康护士跟她的父母说让她远离这些，因为他们认为，这些电影和书籍会助长她自伤的欲望。我相信，当这些经历与青春期的开端同时出现时，年轻人所面临自伤的风险要高得多。

阿曼达有一个爱她、支持她的家庭，她对这个家的赞美之词如同赞美宇航员“登月归来”。阿曼达想强调的一点是，不能总是因为孩子的选择或是不良的心理状况而指责父母。

自伤的动机

如果说，一看到朋友自伤就会诱发个体产生自伤的行为，这是不对的，导致自伤的其实是个体的内部动机。父母需要把自伤看作孩子用无声的方式在“痛哭”或“呼救”，这两种呼喊都是对特定支持的有效请求。一旦父母理解了潜在的动机，就能为孩子提供合适的支持。

有 65% 的自伤年轻人报告了至少有一个“呼救”动机，有 87% 的自伤年轻人报告至少有一种“痛哭”的动机，这些动机在不同性别间是一致的。这就提示我们，自伤的原因可能非常广泛。因此，不限于下面我们列举了的诱发自伤的因素。自伤的动机也可能会改变，这取决于发生自伤行为时周围的环境。

在我运营卓越青年心理诊所的过程中，《欧洲儿童和青少年自伤研究》中的发现对我帮助很大。能够听到并识别出他们的“哭声”，让我在与前来求助的年轻人建立联系的过程中有一个非常良好的开端。一旦我发现了这一点，我就可以很好地确认他们的需求并支持他们。

“痛哭”动机听起来像是一个年轻人想：

- 从可怕的精神状态中解脱出来；
- 逃离难处理的处境；
- 惩罚自己；
- 死。

“呼救”动机听起来像是一个年轻人想：

- 展示他们有多么绝望；
- 吓唬某人；
- 报复某人；
- 了解某人是否真的喜欢自己；
- 引起别人的注意。

如果你有一个自伤的孩子，考虑一下这些动机中的哪一个（或哪一些）因素可能促成了他们的行为。如果你可以确定这一点，那么你就能调整自己的语言和提供的支持，以满足他们的需求。请记住，我们需要看到的是孩子在“痛哭”还是“呼救”，而不是只看到孩子手臂上的伤口。

例如，在我曾帮助过的年轻人中，有一些不能很好地应对父母再婚的决定。他们体验到一种强烈的丧失感和被遗弃感。自伤是他们

“呼救”的一种方式。在这种情况下，父母应该承认他们的孩子的感受，并做出明确的回应。这通常需要第三方的指导，如能提供无偏见的支持的心理学家，这对任何人来说都不是一个简单的过程。

我还帮助过一些在学校遭受欺凌的年轻人，他们通过自伤来表达“痛哭”。年轻人通常很难向成年人谈论被欺凌的问题，而它所造成的痛苦往往是内在的。在这种情况下，父母可能会意识到，处理潜在的问题可能会改善自伤的情况。

记住，寻找原因不是推卸责任，但理解动机会有所帮助。不良的心理健康状况加上生活压力事件（包括家庭问题或个人痛苦）会导致年轻人更容易自伤。正是这些因素的结合使得年轻人难以承受，并往往导致他们应对机制欠佳。

自伤的心理因素

下面这一常见的场景进一步解释了自伤的心理因素，以及“痛哭”或“呼救”动机是如何与自伤过程相互作用的。

艾玛醒来时情绪非常不好。她有很多作业要交，而且她睡得不好。她去了学校，和一个总是起争执的朋友打了一架。她感到很孤独，事实上是很孤立无援。

当她回到家时，她的脑子在飞速地运转。她试图通过看电视来转移注意力，但她无法停止思考那份友谊，以及事情是如何不断恶化的。她很自责。她转而去使用社交媒体（很好的老式社交媒体），在那里她看到她的那位朋友邀请另一个女孩周末出去玩。那种孤独、被孤立和被捉弄的感觉更加强烈了，也许她所有的朋友对她的感觉都一样？

她去洗澡、听音乐。洗个热水澡通常能让她平静下来，但这次不行。她哭了起来。她希望和妈妈谈谈她这一天，但妈妈太忙了。她妈妈刚下班回来，心事重重。她妈妈说："你知道科斯蒂是什么样的人，无视她就好了，你该干什么干什么。去做你的家庭作业吧。"

在接下来的 40 分钟里，事情变得越来越糟糕。艾玛不停地在哭泣、看手机，反复地听着悲伤音乐。她试图让自己平静下来，但似乎没什么效果。

她开始想，我再也应付不了了。如果这种情况不尽快停止，我将会做一些蠢事。对她来说，一种想"痛哭"的动机开始驱使她行动。对其他年轻人来说，可能会是一种"呼救"的动机，意思是：如果我割伤自己，也许妈妈将会看到我有多绝望；或是，如果我割伤自己，科斯蒂将会看到这件事对我的影响有多大。

年轻人告诉我，他们听说自伤是有效的。在艾玛的例子中，科斯蒂本人就有自伤行为，而且她还告诉了艾玛，说自伤是她的救命稻草。

艾玛从卷笔刀里去除刀片，割伤了自己的大腿。她的身体释放出内啡肽——疼痛抑制剂。你可以把它看作在一次好的锻炼或爬山后释放出来的内啡肽。艾玛描述了当这些内啡肽释放时一种最初的兴奋，这表明她身体的化学状态发生了变化。

从心理上讲，年轻人的注意力会转向身体的疼痛、流血和受伤的画面。艾玛发现，友谊问题现在已经变成次要的问题，并逐渐退居幕后。身体上的疼痛是对情绪痛苦的一种转移。

在兴奋过后，艾玛体验到了一种低落的，或者说是一种麻木的疼痛，这种疼痛导致她的身体停止工作、精疲力竭、崩溃，让她的身体进入一个恢复期。这种低落的连锁反应和高强度的兴奋一样令人上瘾。随着身体的逐渐恢复，艾玛一直在自责和羞愧中挣扎，这些感受与她想要伤害自己的欲望有关。她试图隐藏自己的伤疤。

就像所有的破坏性行为一样，自伤是非常容易上瘾的，因为它连接了大脑的神经回路或通路，从而通过自伤获得放松。年轻人自伤的次数越多，"压力＋自伤＝放松"回路就变得越强。

在《年轻人自伤的功能》（*The Functions of Self-injury in Young Adults*）一书中，克隆斯基（Klonsky）解释了为何自伤者在自伤前感到不知所措、悲伤和沮丧，而在自伤后则变得平静。这些情感上的变化预测了自伤的终生发生率，这表明它们强化了行为。

在下一节中，我将分享一些关于青少年一旦将自伤作为一种常规的应对策略，大脑如何以不同的方式和自伤相互作用的观点。对我来说，这是父母能够理解的一些最重要的信息。

自伤的生理因素

我花了很多时间在医院和那些多年来伤害自己身体的年轻人一起工作，我还花时间与第一次"抓伤自己手腕"的八岁女孩待在一起。我见过只有六岁的小男孩总是在发脾气的时候故意伤害自己；我也见过一些尝试过一次自伤就到心理咨询中心寻求帮助，然后再也不自伤的年轻人。我既帮助过短期的轻度自伤者，也支持长期的、慢性的自伤者。

我经常问自己的一个问题是："自伤是在什么时候、怎样成为一种无法控制的习惯的呢？"

在进一步讨论之前，我想先定义两个我将使用的术语——"自愿性自伤"（voluntary self-harm）和"习惯性自伤"（habitual self-harm）。

我用"自愿性自伤"这个词来描述年轻人有意识的、故意的行为，这种行为是以目标为导向的。

我用"习惯性自伤"这个词来形容年轻人将自伤作为自动的、例行的或习惯性的反应，这是一种已经上瘾的行为。

任何自愿行为，如果得到奖励都会被强化。经过反复的参与和持续的奖励，自伤行为会从自愿性的变成了习惯性的。自伤可能成为年轻人应对压力或情绪痛苦的"首选反应"。

有趣的是，大脑对自愿性自伤和习惯性自伤的加工方式不太一样。自愿性自伤是由大脑腹侧纹状体加工的，当年轻人进行自愿性自伤时，腹侧纹状体主要负责奖励、认知、强化和激励。

自愿性自伤者的身体将以与正常情况非常相似的方式工作。自伤仍然会引起恐惧和身体上的疼痛。他们的疼痛管理系统还没有受损，年轻人并没有完全把自己视为“自伤者”。

当这种行为成为习惯之后，可以观察到大脑的背部纹状体更活跃。习惯性自伤正激活大脑中调节认知的部分，包括运动功能、抑制控制和刺激反应学习。

一旦自伤成为一种习惯性行为，它就会与某种情境或感受紧密联系在一起，并成为年轻人在面对这种情境或感受时的第一反应。它甚至可以被特定的线索或环境自动地、例行地触发。例如，当年轻人感到压力大、失控或悲伤的时候，自伤可能是他们的第一反应。他们可能认为自己是“自伤者”，而且对恐惧和疼痛变得麻木。

习惯性自伤之所以比自愿性自伤更少引起恐惧和生理上的疼痛，是因为其有生理上的原因。疼痛阈值升高的一个令人信服的原因是内源性阿片肽（endogenous opioids）水平异常，这是一组与我们大脑的镇痛机制有关的激素。内源性阿片肽与痛觉的关系已被广泛研究。

最近的研究也表明，与非自伤者相比，自伤者有着不同的生物化学特征——特别是内源性阿片肽水平，这会导致身体的疼痛管理系统受损。年轻人对自伤的疼痛阈值提高，这意味着自伤变得几乎不费吹灰之力。为了达到同样的效果，他们可能还得更强烈地伤害自己。

在我与年轻人工作的过程中，我发现，自伤者的疼痛阈值越高，他们自伤的次数也就越多。我还注意到，随着时间的推移，自伤者越来越认同这种行为，他们对这种行为的容忍度也会越来越高。因此，随着时间的推移，进行自伤所需要的努力就会减少。尤妮丝是一位我以前的来访者，她用自己的话解释说：“经过一年的自伤，我对疼痛的高容忍度已经建立起来了。我需要感受到更多的伤害来麻痹自己，从而远离我的抑郁和焦虑。”

作为父母和有爱心的成年人，我们必须明白自愿性自伤和习惯性自伤是有区别的，因为这将决定我们如何回应和支持他们。我特别热衷于在自伤的早期阶段就发现它，因为这是进行干预最为敏感的时期。每位年轻人的改变发生的时间不一样，这取决于一系列因素，包括他们自伤的频率和强度以及他们个人的脆弱性。

一些研究者谨慎地提出了习惯性自伤的遗传倾向。然而，目前还没有足够的研究证据来确定是否确实如此。未来对这一想法的研究将有助于预防自伤行为的发生。

总结性思考 | SELF HARM

我们越早能与年轻人就自伤和与之相关的不良心理健康问题进行联系和沟通，就越有机会在自伤仍然是自愿性自伤的时候进行干预。我将在接下来的章节中专门讨论沟通和联系，因为这是真正开始改变的地方。我想以一种非常实际的方式回答，当父母第一次发现自己的孩子自伤的时候，他们应该怎么做，以及他们应该如何继续支持一个年轻人，让他们走上健康的道路。但首先，我们要谈谈互联网的作用。

本章核心观点

- 那些了解他人自伤或试图自杀的个体也会增加自伤的风险。一项个案研究发现，在了解他人自伤的年轻人中，自伤的可能性要高出 30%，这表明同伴群体是诱发个体自伤的一个关键因素。
- 自伤和青春期之间的联系与这段时间神经发育的脆弱性有关，而这会增加情绪不稳定的风险。
- 当年轻人自伤的时候，他们可能是在表达“痛哭”，也可能是在表达“呼救”。
- 寻找原因不是推卸责任，但理解动机会有所帮助。
- 不良的心理健康状况加上生活压力事件（包括家庭问题或个人痛苦）会导致年轻人更容易自伤。正是这些因素的结合往往使得年轻人难以承受，从而导致他们应对机制欠佳。
- 就像所有的破坏性行为一样，自伤是非常容易上瘾的，因为它连接了大脑的神经回路或通路，从而通过自伤获得放松。
- 年轻人自伤的次数越多，“压力＋自伤＝放松”回路就变得越强。
- 任何自愿行为，如果得到奖励都会被强化。经过反复的参与和持续的奖励，自伤行为会从自愿性的变成习惯性的。

第3章

互联网对自伤的作用

一所小学的副校长向我讲述了她和家长谈论自伤时的沮丧。“让家长注意到自伤是我的工作，”她说，“父母们很容易就把孩子的自伤行为看作其‘寻求关注’，而没有意识到这可能是更大问题的征兆。父母似乎对此事的严重性认识不足。今年我不得不和两位家长谈了谈，这两位家长都说这没什么，‘她这么做没有别的意思。’这让我很担心。”

小学老师也经常给我讲一些孩子自伤的事，年龄有的还不到 10 岁，他们拆开自己的卷笔刀，把刀片拿出来，在课桌底下划伤自己的腿。我对这么小的孩子会做这些感到既好奇又震惊。

当询问一位老师，学校如何处理这么敏感的问题时，他解释说：

我们和他们一对一地谈话，直接从问他们问题开始的，他们不介意谈论这件事。这些小孩子比青少年更容易应对。他们知道大人会问他们一些棘手的问题，也没有现成的答案。他们还没学会如何隐藏自己的心思，他们对成年人的信任程度更高。我们对他们说，自伤不是解决办法，然后给他们一些支持，因为他们信任我们。在他们还小的时候，老师有很大的影响力。

当问到这些老师这么小的孩子为什么会自伤时，他们首先把矛头指向互联网：

小孩子在奈飞（Netflix）和 YouTube 上看到了太多像《十三个原因》（*13 Reasons Why*）①之类的节目。没有过滤机制，也没有人来帮他们过滤掉这些不良内容，这就是问题所在。他们学得比以前多得多，那些节目生产商只顾满足市场的需要！

父母应密切关注孩子们早期接触到的自伤行为，这一点非常重要，因为小孩子完全尝试用这种“成熟”的方式来表达和管理自己的情绪。如果父母睁大眼睛、竖起耳朵，一定会注意到时事、电影和电视节目中有关自伤现象的描述。尽管根据每个国家和广播公司的审查准则和媒体法规，这些内容的图片、影像的传播将受到限制，然而，激发一个在特定时间特别脆弱的年轻人产生自伤的想法并不是什么多难的事。

一位母亲告诉我：

我们曾经追过一部在澳大利亚极受欢迎的肥皂剧《聚散离合》（*Home and Away*）。我是看着它长大的，我的女儿们也是这样。到了晚上 7 点，大家都忙完之后，我们就等着该剧的开播。在其中一集

① 美国悬疑电视剧。——译者注

里，一名小女孩在客厅的电视机前睡着了，她的哥哥回到家，看到她的裙子有点高，就帮她整理了一下，并在她的腿上盖了条毯子。这时，他注意到妹妹大腿上因自伤留下的伤口。这集播出之后，“切割”似乎成为青少年谈论的一个热门话题，孩子们还会在学校讨论。我们有一种直觉，我们的女儿就是从这集中学到了用自伤来处理她所遇到的挫折的。

奈飞尤其受到关注，因为它的每个节目都有不同的审查标准。众所周知，博客和社交网站 Tumblr 是自伤内容非常活跃的平台。Tumblr 上所有关于自伤的帖子中有一半是图片，该网站缺乏节制，加上匿名性和论坛的开放性，人们很容易不加过滤地分享自伤最严重和最黑暗的一面。

即时通信 App Snapchat 是一个充斥着大量自伤图片的平台，由于上传的图片是寿命有限的“快照”，这就使得年轻人更容易把它们隐藏起来，不让父母看到。照片分享 App Instagram 也经常被自伤者使用。如果任何“不合适的”标签[①]被“我们能帮忙吗？”[②]进行了信息屏蔽，它们很快就能被另一个来自自伤群体的替代标签所取代。

关键词和标签是年轻人搜索内容、分享图片和因自伤聚集的最流行方式。为了更好地了解那些因自伤聚集的人是如何以潜在的破坏性方式使用 Instagram 的，你可以在谷歌上搜索“自我伤害”“无

① 网络标签是一种互联网内容组织方式，是相关性很强的关键字，它帮助人们轻松地描述和分类内容，以便于检索和分享。——译者注

② 指网络安全风险提示信息。——译者注

忧无虑”“猫”“血”“自伤”“我的秘密家庭”“我的秘密社会”“抑郁”“厌食症”“焦虑症”“强迫症”等关键词。请注意，发布者会将它们故意拼错，以避免被屏蔽。

互联网处于不断变化的状态。自伤网站和论坛会定期更新、创建和删除。曾经非常受关注的网站一旦被关闭，很快就会被其他网站取代。一旦成年人屏蔽了一个网站，年轻人很快就会转移到另一个网站。这种流动性使得保护年轻人不受破坏性内容的侵害成为一项挑战。毫无疑问，家长对于如何管理和保护那些在互联网上自伤的年轻人感到不知所措。

网络带来的益处与危险

有报告称，在自伤的年轻人中，超过半数（为 51.3%）曾在互联网上搜索过自伤或自杀相关的材料。《青年心理健康报告：青年调查》还显示，可能患有严重心理疾病的年轻人寻求帮助的前三个对象是朋友、父母和互联网，而没有这些疾病的年轻人的求助对象则是朋友、父母和亲戚或家人的朋友。尽管一些研究提到了互联网在年轻人开始自伤中的作用，但大多数研究显示，年轻人使用互联网是为了弄清自己的想法和自伤行为。互联网是个体自伤的一个补充因素，而不是它的催化剂。如前几章所述，自身的脆弱性是个体自伤的前兆。

毫无疑问，互联网能给我们带来很多好处，诸如我们可以寻求帮助、缓解压力、获得应对策略以及通过论坛增强积极的关系。就像雅各布这个从高中就一直把“切割”作为应对方式的年轻人告诉我的那样：

总的来说，我在互联网上的体验是积极的。我通过网络获得了真挚的友谊，针对心理健康问题与朋友们进行探讨，帮助他们渡过难关，也帮助他们更好地了解了自伤问题。毫无疑问，互联网对一些人产生了负面影响，但我本人没有这种经历。

然而，网络互动对自伤参与者有着巨大的负面影响：使自伤正常化，炫耀自伤技巧，鼓励隐瞒，它常常会放大自伤的方法、技巧和频率的有效性。

许多当地学校都有相同的观点和担忧，这证实了研究的结果。一位当地学校的心理辅导老师说：

一些孩子第一次在网上看到自伤，会尝试抓伤自己的胳膊、腿或肚子，这些做法比较天真、相对无害。但让我担心的是，一些想尝试的新人一旦开始与自伤老手交往，就会让自己接触到那些本来不会触及的问题。

凯特的故事

凯特一直在与自伤和饮食障碍做斗争，她发现，在人生旅途的关键时刻，网络给她的人际关系等带来了极其负面的影响。为了扭转这一不利局面，她必须就自己的上网状态和活动有个明显的改观。下面是她的故事：

14 岁的时候，我处在严重的低谷期，我住在寄宿学校，所以人们认为我可能是想家了。在大多数人看来，我只是一个安静的孩子。我天生就不擅长处理情绪，这让我更容易受到不良应对方法的伤害。我会通过自伤并做出进食障碍的相关行为来处理我的情绪问题。我在寄宿学校一般就用这两种方法来进行应对。直到我上 11 年级，才有人注意到这一点，我把它隐藏了两年。

我 18 岁时住在农村，和同龄人没有太多的接触，这恰恰是互联网真正对我产生影响的地方。我接触最多的是和我一起工作的人，其中有一个和我年龄相仿，但其他人都比我大十多岁。对我来说，网络是一种寻求支持和帮助的方式。我没有人可以分享我的想法，而网络社区是我可以求助的地方。

很快，网络就变得有“毒”了。我开始利用互联网寻找可以更快减肥的方法，寻找该如何锻炼，以及各种自伤和隐藏自伤的方法。它成了一种我进行自我教育的方式。我在网上结识了一些“朋友”，但用“朋友”这个词不太恰当。这些“朋友”鼓动我选择非常糟糕的应对策略，这样的鼓动只会让我无法回头。

我现在 23 岁，被诊断为双相情感障碍，控制得还不错。我每天都要照顾自己，尽管我还不是很擅长，但我正在学习。我身边有一个很好的护理团队和支持系统。我信任他们，有时候也依赖他们。药物治疗是我进行自我管理的一部分。我有和我一起做运动的好朋友，他们不断地鼓励我变得更好。

我在网上的表现变得健康多了，我想这和我的成熟有关。我还删除了我的 Instagram 账号，我必须从头开始。对我来说，这关乎我的康复而非我的疾病。在网上我必须小心我关注的人和关注我的人，我的个人资料管理得还不错。有着自伤和进食障碍的生活毫无乐趣可言，我必须做点什么。

视觉冲击强的图像的力量

互联网如此强大的另一个原因是，视觉冲击强的图像可以诱发一种身体反应，从而唤起人们参与其中的欲望。研究清楚地告诉我们，自伤有一种非常强烈的视觉效果，看到血或瘀伤是导致自伤行为很重要的一个诱因。

研究表明，网络图像本身就能够：

- 让人回忆起以前的自伤情节；
- 让年轻人想象其他人会如何经历这种行为；
- 鼓励年轻人重现图像呈现的内容；
- 让年轻人与在图像上看到的自伤行为的严重性或技巧进行较量；
- 责备或嘲弄年轻人不敢参与图像中的自伤行为；
- 建立对图像的依赖，从而诱发自伤行为的发生。

当年轻人去寻找或有朋友向他们展示这些图像时，他们会对其产生一种非常强烈的情感联系。我遇到过一些年轻人，他们在现实世界中做出同样的行为之前，都无法“撼动”自伤的形象。

上网痕迹

经历过自伤或心理健康挑战的年轻人的上网痕迹正在扩散，这一趋势令人担心。我和许多 14 岁的孩子一起工作过，他们以自我表达的名义发布了一些有碍观瞻的自伤图片。多年以后，当这些年轻人 20 岁出头、大脑空间够用的时候，他们再次联系我，表达了他们对自伤照片再次出现的担忧。他们现在明白了心理健康问题在社区中的污名，也意识到如果这些照片重新出现，他们的工作和人际关系可能会受到很大影响。

澳大利亚网络安全专家苏珊·麦克莱恩 (Susan McLean) 与我就这个话题进行了深入的讨论。她说：

一旦你把自伤图像放到网上，它就会永远在那里，你拿不回来了。现实就是，你不能打电话给 Facebook 的工作人员说：“你能把它下架吗？”但当年轻人的大脑没有足够的空间时，这些对他们来说都不重要。

不幸的是，我曾看到年轻人通过 Snapchat 这样的 App 将自伤图片秘密发送给朋友，这些 App 号称上传照片的留存时间非常短暂，结果却发现“快照”已经被截图并放在网上让全世界都能看到。对于大多数年轻人来说，只有在出了问题时他们才会明白网络是公共场所这一残酷的现实。

麦克莱恩还说，“被遗忘权”法已经被引入欧洲。我们并不总是遵循欧洲的法律，但澳大利亚可能会掀起一股新的数据保护法修改热潮。目前，我们能做的只有预防。这就让那些为年轻人工作的临床医生承担了很多责任。当上网痕迹不在他们的脑海中时，我们必须提醒他们。

什么消失得更快？是年轻人手臂上的一道伤疤还是一篇自伤的帖子？我想这取决于你生活在哪个国家！

对自伤的战略性应对

互联网几乎与家庭面临的每一个问题交织在一起，自伤也不例外。不可否认的是，互联网在我们家里有着很强大的影响力，这就是为什么我强烈建议十几岁孩子的家长为青少年的网络生活建立一种方式，这种方式能让他们承受青少年最动荡的时期。至关重要的是，作为父母，我们要教育自己，从一开始就为孩子们的上网之旅制订一个强有力的防护计划。

话虽如此，我知道读者中，他们的孩子可能在网上拥有完全的自主权。一旦他们拥有了这种独立性，内容管理就困难得多甚至无法管理。对于那些不再能够强制制定规则或界限的父母来说，这是非常痛苦的，尤其是当他们知道自己的孩子处于不健康的心理状态时。然而，家长们应意识到，如果你还在为孩子买单，那么你仍然拥有比你意识到的更多的控制权！

当父母第一次发现孩子有自伤行为时，必须处理好初始阶段的一系列情绪。在这个过程中，父母通常会重新评估他们的育儿策略和育儿方式。有时，这意味着他们在管理和监控家中的年轻人和科技产品的方式上做出了很大的改变。这是适当和正常的。

以下是一些我见过的父母应对孩子自伤的基本方法。我注意到，根据各个家庭的养育方式不同，每一种方法都交织在这本书的故事中。这些方法并不能得出完全正确或完全错误的定论！

事实上，在错误的时间提供正确的帮助就是错误的帮助，所以专业的建议和个人的判断至关重要。平衡在生活中通常是一件好事，即使涉及养育子女。请大家活学活用。

第一种方法是“加强控制”。父母可以通过实施更严格的网络在线管控来控制家庭上网环境。家长还可能拿走孩子可能用于伤害的物品。一些家长担心，这种做法可能会引发孩子的强烈反抗。还有一些家长发现很难长期维持下去，即它的有效性可能是有限的，因为行为改变不是由年轻人发起的，而是由父母推动的。

有时候，加强对互联网的控制和管理是必要的，因为诱发自伤的因素是真实存在的。重要的是，我们要保证家里是一个安全、积极的空间，特别是在孩子脆弱的时候。此外，我建议家长们一次只进行一个改变，以减少孩子对改变的抵制。对一个年轻人来说，哪怕是一个小的改变，都会觉得是一件大事。一些简单的事情，比如指定非上网区（晚上 9 点以后的餐桌、浴室和卧室）都会产生很大的影响。同样，这将取决于情况的严重程度，而不应该取代你自己的判断。

第二种方法是“密切关注”。这种方法是家长试图保持现有的界限不变，但增加对孩子的观察和沟通。这样做的目的是像对待正常人一样来对待这个孩子，尽可能保持他们对上学和在家做家务的期望不变。必要时，会对常规程序进行例外处理。亲子时间通常会增加。有些家庭甚至坚持要检查或监测电子设备，但仍然允许孩子在没有额外限制的情况下使用它们。

很重要的一点是，家长要承认，在年轻人的网络生活中，有很多东西是你无法控制的。如果你发现自己在控制的技术方面陷入困境，问问自己“我能做什么”，而不是“我不能做什么”。重要的是找到积极的替代方式，然后让你的孩子拥有这些积极的方式。

我建议父母在冰箱处贴上 10 项真实世界的活动，鼓励年轻人尽可能多地选择这些活动，而不是一味对着电子产品的屏幕。第 7 章中列出的自我保健策略对年轻人来说是很好的选择。

高中教师蕾妮 · 贝内特（Renee Bennett）是两个孩子的母亲，她说：

我必须负起责任，让孩子们有其他选择，而不是独自对着屏幕，这绝对是我的工作。我必须尽我所能给予他们更多的户外体验。作为全家性的外出活动，我们出门时从不带那些电子设备。

让孩子们与具有相似（积极）价值观的成年人交往也会有帮助。这就是青年团体和成年榜样的伟大之处。体育教练、叔叔、阿姨和邻居对孩子们的生活很有影响力。对孩子来说，从这些人那里得到好的建议总是比从父母那里得到的建议更酷。

第三种方法是“满足他们的需求”。这是对自伤的一种常见反应，父母会不遗余力地照顾孩子。比如，因为孩子们睡不着觉，所以允许他们整夜玩手机。人们常常期望在满足孩子的需求后，他们就不需要自伤了。然而，这与实际情况相去甚远。一些家长发现，这种做法让年轻人更加放纵自己，认识不到自己有改进的潜力。因此，这种方法有其局限性，特别是当它不能以一种平衡的方式提供时。

一开始，父母可能会觉得他们必须小心翼翼，不惜一切代价避免冲突。一些家长甚至报告说，他们的孩子用自伤来威胁他们，以达到其目的或获得自我掌控感。这改变了家庭中的权力平衡，让父母有一种被操纵的感觉。重要的是，父母要学会对孩子更加有信心，不要轻言放弃。

我的建议是：做一名称职的家长！不要让恐惧感或孩子的情绪左右你的判断。

青少年的心理健康和正常的行为之间总是有一条微妙的界线。这条界线会让家长怀疑自己。请谨记，即使是发展得最平衡的青少年也会试图操纵他们的父母，有时候，他们的父母不得不说“不”。

自伤图像共享的影响

从社会层面看，我们人类的交流比以往任何时候都要多，但我们所采用的交流方式与前几代人有所不同。在当今世界，面对面的交流只占年轻人交流的一小部分。这意味着年轻人需要不同的技能来驾驭他们的人际关系。我担心的是，我们没有教会他们如何应对在网上面临的挑战。

"我们还看到一些年轻人每天都用自杀威胁的方式对朋友进行情感勒索，"麦克莱恩说，"'如果你不和我交朋友，我就自杀'这样的短信很常见；我也听到年轻人说，'如果你向别人展示这些图像（指自伤或酗酒），我会自杀'，这些会诱骗年轻人保密。"麦克莱恩最关心的是那些不会应对这些情况的心理尚且健康的孩子。

上周，麦克莱恩收到一个女孩的来信，她处在心理压力之下，因为她的朋友在和她谈论自我伤害。她担心如果她把这事告诉大人，就会被朋友认为不是真心朋友。她不敢告诉父母她的感受。"你不能对这个完全保密，"麦克莱恩对这位年轻女孩说，"你必须做好准备，把这件事告诉别人。"

我觉得，年轻人在处理复杂的网络关系时能力不足。年轻人还没有成熟到可以完全把控的程度，他们害怕对方不回应或不能与朋友相处。为此，家长们需要了解年轻人的情绪、人际交往习惯和网络交流中的细微变化，明白他们在网上处理的一些问题可能会危及生命。

朱莉今年 15 岁，在澳大利亚布里斯班的一所学校上学。她跟我分享了其同学的一个 Instagram 账户。这名同学是她的朋友，他也因朱莉支持他而感到自豪：

这个人我认识四年了，在他的 Instagram 上有很多关于他割伤手臂、沾染毒品、吸烟、滥用药品的照片和抑郁的言论。他有一些伤口需要缝合，这让他深感痛苦，但他不能哭。尽管这是一个私人账户，但每个人都会向别人展示，因为它太露骨了。我只是来做他的朋友的。

人们不知道他经历了什么，但我知道他经历了很多，这都因为一个女孩，她经常叫他去自杀。她过去隔三岔五和他分手，然后又会在当天和他重归于好。她把他的心绪弄得乱七八糟，现在他整个人都是一团糟。他父母每周三带他去看心理医生。我知道他有心理健康问题。他妈妈认为自己对他的 Instagram 无能为力。他们尝试监控它，但不起作用。他可以在网上隐藏一切。

我上网不是来告诉他该怎么做的，我只是有时候听他说，人们说我很擅长聆听。他有时需要找个同龄人聊聊天。我知道他身边也有大人，如果需要的话，我会告诉他们的。

但并不是每个人都能像朱莉那样处理好这种事情。

学生心理辅导员路易丝·克拉尔（Louise Klar）与自伤者共事了十多年，她说：

Snapchat 使年轻人能够分享自我伤害，而不必担心成年人会看到。这使年轻人能够在没有成年人干预的情况下处理彼此之间的问题。然而，年轻人忘记了，他们朋友的屏幕上出现的是“实时血迹”。年轻人往往没有意识到屏幕另一端的人可能真的很痛苦。

麦克莱恩还探讨了分享图像对没有自伤行为的年轻人的影响，分享图像这种事造成的令人担忧的故事很多见。麦克莱恩说，年轻人可能会寻求帮助，但他们的朋友并不是帮助他们的合适人选。“年轻人会觉得自伤图像让人非常痛苦和害怕。他们会犹豫，不知道该告诉谁……会有‘如果我告诉了别人，我还算是好朋友吗？’的顾虑”

经常自伤的年轻人可能没有意识到这些图像对观看者的影响。通常看到自伤图像的人并没有尝试过自伤。有些年轻人在互相安慰方面做得很出色，而另一些人则觉得这令人生畏。以下是我给年轻人的一系列建议，以帮助他们支持那些正在经历艰难时期的朋友。对他们来说，设定界限、无条件地爱和照顾自己的需求是很不容易的。这些是成年人有时都很难掌握的成熟技能。

以下是作为朋友应该做的事：

- 倾听并关心他们的感受，然后继续谈论正常的事情；
- 一起做正常的活动；
- 如果你担心他们的安全，可以和成年人谈谈；
- 不要做“不把这件事告诉成年人”的承诺；
- 认识到每个人都有自己的局限。如果你感到有压力，和成年人谈谈。
- 鼓励你的朋友去寻求专业支持，如果他们还没有的话，你可以和他们一起去找学生心理辅导员，帮助他们迈出这一步；
- 和朋友约定，如果你担心对方的安全，可以联系一位成年人（双方都同意此人）；
- 如果收到一条令你不安的信息或图片，拍下它，然后联系一位成年人。

以下是作为朋友不应该做的事：

- 尝试扮演他们的父母或参谋的角色；
- 逼问或要求他们谈谈自伤；
- 强迫他们和成年人去谈；
- 添油加醋地与其他朋友谈论此事；
- 向其他朋友展示自伤文本或图片；
- 轻视他们或他们的自伤。

总结性思考 | SELF HARM

年轻人通过网络获得了更多的学习和表达自己的机会，使他们更好地从大人的怀抱中独立出来，彼此相互支持。我们面临着一个巨大的挑战，那就是既要与年轻人的网络生活保持联系，又要进行自我提升，以便与他们的生活保持联系。下一章将关注网络自伤这一新现象——一种在线版的自伤。

本章核心观点

- 有报告称，在自伤的年轻人中，超过半数（为 51.3%）曾在互联网上搜索过自伤或自杀相关的材料。

- 父母应密切关注孩子们早期接触到的自伤行为，这一点非常重要。激发一个在特定时间特别脆弱的年轻人产生自伤的想法并不是多难的事。
- 互联网能给我们带来很多好处，诸如我们可以寻求帮助、缓解压力、获得应对策略以及通过论坛增强积极的关系。然而，网络互动对自伤参与者有着巨大的负面影响：使自伤正常化，炫耀自伤技巧，鼓励隐瞒，它常常会放大自伤的方法、技巧和频率的有效性。
- 互联网如此强大的另一个原因是，视觉冲击强的图像可以诱发一种身体反应，从而唤起人们参与其中的欲望。
- 经历过自伤或心理健康挑战的年轻人的上网痕迹正在扩散，这一趋势令人担心。什么消失得更快？是年轻人手臂上的一道伤疤还是一则自伤的帖子？我想这取决于你生活在哪个国家！
- 很重要的一点是，家长要承认，在年轻人的网络生活中，有很多东西是你无法控制的。如果你发现自己在控制的技术方面陷入困境，问问自己“我能做什么”，而不是“我不能做什么”。
- 青少年的心理健康和正常的行为之间总是有一条微妙的界线。
- 请谨记，即使是发展得最平衡的青少年也会试图操纵他们的父母，有时候，他们的父母不得不说“不”。当涉及管理技巧时，我的建议是：做一名称职的家长，即使这不是很受孩子欢迎。

SELF HARM

WHY TEENS DO IT AND WHAT PARENTS CAN DO TO HELP

第 4 章

网络自伤

网络自伤是一个相对较新的现象，公众对此知之甚少。尽管相关的研究还在陆续展开，但仍有很多问题有待解答，本章是我通过对专家、年轻人、家长和学校进行访谈后得出的最新发现。这个话题的高度私密性意味着，随着时间的推移，更多的信息将随之被公众所了解。

今年，我有机会亲自去帮助那些进行网络自伤的年轻人，以及怀疑孩子在网上进行自伤的学校和家长。每一次，我都意识到这个问题的严重性和这一代年轻人所面临的问题的复杂性。我对这一代人的整体心理需求有了更深的共情和更好的理解。

在我的研究中，我发现网络自伤是一个年轻人比成年人清楚得多的领域。当我们本地的一位母亲问她 12 岁和 14 岁的孩子是否听说过“孩子们在网上欺凌自己”时，他们回答说：“是的，他们这样做是为了引起人们的注意。”她对他们冷漠和面无表情的反应感到震惊，尤其是她以前从未听说过“网络自伤”这个词。我与许多学校的教职员工和专业人士互动后发现，大家均有同感。

不幸的是，我个人认为，网络上的自伤行为还没有在家庭和学校中完全显露出来。35% 的年轻人表示“通过网络自伤达到了他们的目的”，我预测这将是一个越来越受自伤倾向的年轻人欢迎的策略。

正因为如此，家长和专业人士意识到并预先做好应对准备是非常重要的，因为如果我们没有做好准备，后果可能是灾难性的。

什么是网络自伤

网络自伤被称为自伤的网上变种，也被称为自我网络欺凌、网络自我伤害或网络自我控制，网络自伤是指在网上匿名发布或分享贬低自己的信息。

网络自伤可以是在一个年轻人的 Instagram 上，通过短信、电子邮件、社交媒体、游戏机、网络论坛或任何其他可以设想的在线平台，发表一条评论，也可以是数百条评论。评论可以是年轻人用假网名、“小号”和编造的别名来发布，评论可能是“只要你知道你的男朋友有多恨你”“你很胖”“明天不要来和我们坐在一起”“反正没人喜欢你”“你是个浪费空间的废物”“你的新发型看起来很恶心”“你觉得你很特别，但你不是”诸如此类。

想象一下，一个年轻人晚上独自待在自己的房间里，用几个假账户以恶毒的言论来欺凌自己。他们的朋友看到这些评论，就有机会回应他，有的是为他辩护，也有的鼓励欺凌的一方。年轻人可能会继续这些虚假的交流直到深夜！有时，一个年轻人会去找学校的指导老师或信任的朋友，试图为网络欺凌事件寻求帮助，但其实他们就是这一行为的始作俑者。

汉娜·史密斯的故事

这一行为首次引起公众关注是在 2013 年，当时，来自英国莱斯特郡的 14 岁少女汉娜·史密斯被曝在社交媒体平台 Ask.fm 上匿名给自己发送有害信息。这件事发生在她自杀前的几个星期。当时，她的家人认为她是被网络欺凌逼得自杀的。她的父亲甚至公开反对喷子，这在世界各地的社交媒体网站上引发了关于网络欺凌的讨论。然而，当警方调查发现 98% 的评论都是她自己发布时，全世界都震惊了。

毫无疑问，汉娜以前曾被欺凌过。她的家人回忆，在一次聚会上，她的头多次撞到墙上。研究表明，欺凌他人的先兆是被人欺凌过。学校已经做了很多工作来打击欺凌行为，我们必须坚定这一立场，以便打破虐待的恶性循环。我相信，让年轻人有能力处理欺凌有关的事件是至关重要的。

我们所知道的

汉娜的不幸离世引起了研究人员贾斯汀·帕钦（Justin Patchin）博士和萨米尔·辛杜贾（Sameer Hinduja）博士的关注。他们在过去的 10 年里一直在研究网络欺凌行为，但从未听说过青少年网络欺凌自己。他们决定询问 5500 名美国年轻人，是否曾在网上匿名发布一些关于自己的刻薄信息。

这一研究的惊人结果发表在《青少年健康杂志》（*Journal of*

Adolescent Health）上。他们发现，在12~17岁的青少年中，约有6%的人曾进行过网络自伤。也有调查发现，大约9%的年轻人尝试过这种行为。虽然这些占比看起来不是很高，但考虑到美国有数以百万计的青少年，这确实是一个问题。虽然这方面的研究有限，但作为家长，我们需要注意网络自伤，因为它的参与率与传统的自伤率是一致的。

我有幸采访到了网络欺凌研究中心（the Cyberbullying Research Centre）的联合创始人辛杜贾博士，请他谈了谈对这个话题的研究和想法。“自伤和网络自伤之间的联系是不可否认的，”辛杜贾博士解释道，“我们明确发现，那些以前有过传统自伤行为的人更有可能进行网络自伤。这就引出了这样一个问题——既然网络自伤与传统自伤植根于相同的动机和恶劣情绪，它是否会与传统自伤导致同样的后果？当然，有必要进行更多的研究。”

与传统的自伤相比，网络自伤的持续时间很有趣。根据伊丽莎白·英格兰德（Elizabeth Englander）的研究，26%的年轻人做过一次，26%的年轻人持续过一段时间，23%持续一个月以上，只有25%的人持续过一到两年。这意味着，大约75%的年轻人进行网络自伤时间相对较短。说到这一点，我需要指出的是，对年轻人来说，这对声誉的影响可能是重大的，而且是持续的。一个网络“伤疤”当然也可能像身上的一个伤疤一样持续很长时间。

研究一致显示，男性比女性更容易进行网络自伤。这对我来说很有意思，因为我在澳大利亚的小范围工作中发现，女性网络自伤的比例远远高于男性，而我在本章采访的年轻人始终认为这是一个女性问题。这些调查的匿名性和更广泛的范围可能是男性比率更高的原因之一。

我遇到的一个例子是，一名 13 岁的少年上传了一张他新剃掉的头发的照片作为他的新头像，然后他用另一个化名账号评论道："弱智"。这引发了大量评论。许多人侮辱他，有几个女孩来救他。他的大部分同伴都置若罔闻，完全回避了这个话题，认为整件事很"可疑"。他后来告诉他的密友，他这么做只是为了开个玩笑。我想知道他是否对自己的新发型有顾虑，想在上学之前看看其他人的看法。我们需要意识到男性通过幽默来表达自己需求的可能性。

潜在的聊天文化

当我和学校工作人员谈论网络自伤时，我遇到了很多关于黑色幽默和网络调侃（尤其是在游戏平台上）的讨论，这些调侃将一些有辱人格的言论正常化了。老师和学校的工作人员认为，"年轻人说话的方式"影响了那些心理已经出现问题的人，并为进行更多的心理游戏"奠定了基础"[①]。

卡尔・霍特科（Carl Hotko）是一位高中电子安全协调员，也是三个孩子的父亲，他对这个领域有着非常浓厚的兴趣。他说："网络世界中最可怕的是，孩子们学到的是黑色幽默。自嘲式的幽默始

① 指会导致更多的心理问题出现。——译者注

于他们彼此交谈的方式，之后又过渡成他们跟自己说话的方式。”

聊天的匿名性和距离感都加剧了家长的担忧。一位也是父亲的员工说：“我们家很小，所以实行的是开放政策。我认为我们是一个很有保护性的家庭。但我儿子在和朋友玩游戏的时候，好像变了一个人，他会用不同的声音说话。屏幕营造出了一种距离感，我注意到他的言辞更加激进。”

他继续说：“屏幕上的暴力改变了他。当他从游戏中离开时，我们担心暴力不会停止。游戏进程和评论部分向孩子们证明，这种语言是正常的。它很容易越界变成‘如果人们这样对我说话，那么我这样对自己说话肯定没问题’。它使得这种语言正常化了。”

人们通过像 Reddit① 上的“RoastMe”这样的热门页面上传照片或视频，而参与者则以“好玩”的名义匿名说出他们能说出的极具侮辱性的话，这是鼓励年轻人寻找并施予残酷侮辱的网络文化的一个典型例子。年轻人已经形成了一套只能在网络上使用，而不能在日常用语中使用的“网络暗语”。然而，对于年轻人来说，在幻想和真实世界之间划清界限真的有意义吗？

一名小学男孩的母亲给我留言说：“孩子们似乎都喜欢这种语言 但我不清楚他们是觉得它作为俚语说起来很有趣还是真的觉得它很有趣？我担心的是，从长远来看，这种自我暗示会产生什么样的影响，以及我们如何才能让我们的孩子不要对这么严重的事情如

① 一个社交新闻站点。——译者注

此轻率地表达。如果我们一直用俚语说‘去死吧’，当他们进入青春期时，这会对他们的决定产生影响吗？”

是的，我想会的。我们谈论过很多关于保护儿童远离过度“性化”的世界——这是正确的，因为现在年轻人很容易接触到色情作品。我们还谈到保护儿童免受恋童癖者的侵害，并确保我们知道他们在网上和谁“交朋友”、关注谁。但我想补充强调的是，我们也需要保护他们免受这些负面语言的消极影响。我们的孩子有权拥有一个快乐的童年，以积极的心态进入青春期。他们需要这样的保护才能好好度过青少年时期！

网络自伤的动机

时代变了，在线处理痛苦的方法已经成为现实，但人性的基本驱动力没有变。自伤的动机和网络自伤的动机是紧密相连的。

帕钦博士和辛杜贾博士的研究表明，男性和女性进行网络自伤的动机不同。有趣的是，女孩子自伤是为了证明自己可以应付、让别人担心，或者引起成年人的注意她们报告网络欺凌最常见的原因是她们感到抑郁或情绪痛苦。男孩子这样做则是因为他们生某人的气、想打架。然而，他们也承认，他们有时只是开玩笑，尽管背后通常有更严重的原因。下面，我将就我在采访年轻人、青少年工作者或其他专业人士时讨论过的一些关键动机进行探讨。

认同自我厌恶的需要

寻求他人的认可是我们都会做的事情，尤其是我们处在人生低谷期时。一位对技术领域有着浓厚兴趣的父亲也评论说："我猜人们在低谷期总是希望寻求认同，但孩子们从来没有用如此规模、如此狡猾的方式去达到此目的。他们为了寻求归属感而和自己玩这种把戏，会把他们带到一个更黑暗的地方。这对他们没什么益处。"

展示坚强的需要

有很多名人在遭遇他人恶意攻击时能坚强不屈，并且因为勇敢地面对欺凌而受到赞扬，年轻人也许希望被人以同样的眼光看待。网络自伤给了他们这样做的机会。16 岁的莎拉对我说："我们尊敬那些敢与欺凌者做斗争的人，所以人们想要吹嘘自己被欺凌是很自然的。网络自伤为青少年们提供了一夜成名的途径。"

被关注的需要

许多年轻人把网络上的自我伤害视为一种想得到关注的渴望。马特说："我认为这跟他们的家庭有关。因为每个人都在做自己的事情，所以在家里他们得不到任何关注。有些孩子不在乎用什么方法吸引别人的注意，只要能吸引注意就够了。戏剧化是当今人们娱乐自己的方式，这是大多数人一种新的嗜好。"

找乐子

一些年轻人报告说，进行网络自伤是为了好玩或缓解无聊。“我很无聊，做这件事是为了开玩笑，我只是想看看会发生什么。”乔希解释道。如前所述，网上的调侃可能会引发网络自伤。一位青少年工作者解释说：“很难知道男孩子们的底线在哪里。我们愿意相信他们只是用贬损自己来开玩笑，但那真的是他们的玩笑话吗？”

揭露欺凌者

年轻人可能会利用网络自伤来强调他们的现实生活的需求，尤其是当他们被欺凌时。“我记得在学校里发生的欺凌行为。通常，那些低自尊或与众不同的孩子最容易受到欺负，他们对此无能为力。由于网络上潜在的匿名性具有安全性，我可以理解孩子们可能会觉得他们突然有能力对付欺凌者。他们可以在不被评论的情况下写下和说出任何事情。他们还可以欺凌自己，以突显自己被欺负了。”查梅因说。

需要知道谁站在我这边

年轻人进行网络自伤可能是一种引发赞美或侮辱的方式，目的是要看清谁是他们真正的朋友。黛米说：“很多年轻人在 Instagram 上创建虚假账户，发送贬低友谊的信息，比如‘黛米不喜欢你，她在背后议论你’。现在年轻人有很多心理问题，他们扰乱了彼此的思想。”

网络自伤的社会反应

社会对网络欺凌的反应很有趣。据《商业内幕》(*Business Insider*)特别报道，30%的人会加入霸凌者的队伍，60%的人会攻击霸凌者。辛杜贾博士认为，旁观者在网上发言比当面发言更自在，因为当面发言可能会让人立即担心遭到报复。他还说："在网上发言正变得越来越'酷'。"

社会对网络自伤的反应是它与传统自伤的最大区别所在。网络自伤在公共平台上进行，而传统的自伤是隐藏着的。有30%攻击"霸凌"的人可能会引发（网络和学校的）重大问题，损害声誉和人际关系。少数派的进攻战术让我感到震惊！

在任何一个校园里，吸引注意力的竞争都是真实存在的。人的精力有限，每个人都在为之争斗。如果你上网，比如说在任何一所学校的下午4点到晚上7点之间，吸引注意力的竞争就更加真实了。你上网造成的动静越大，你得到的关注就越多；你得到的喜欢和评论越多，你获得的力量和肯定就越多。社交媒体的力量在社会上转移。在线的交流会最终转回到学校的操场，这就是为什么网络世界是这一代人的经济世界。

我个人认为，在发生一个重大社交事件后，窃取朋友的忠诚、引发同情、获得关注等动机，是个体在网络上进行网络自伤的主要原因。不幸的是，所有这些动机往往适得其反，因为年轻人自己也了解网络自伤的可能性有多大。

埃米的故事

这是 16 岁的埃米给我讲的故事。班上一个叫珍的女生因为进行网络自伤被她的朋友“逮到”了。她在整个年级的同学面前被“点名”。下面是埃米描述的故事：

珍“收到”了一条信息，然后给大家看了。这是来自某个匿名者的恶毒的话。她的朋友主动提出帮她找到这个人的 IP 地址，这样她就可以追踪到他是谁。在我的学校里，我从来没有听说过哪个男孩子这样做过。当我听说他们是怎么做的时候，我很震惊，我也很惊讶谁会做这种事情。

我最后一次听说这件事，是那个坐在安静的群体里的女孩，她给自己发了一条信息，信息的内容是让该女孩去自杀。她大肆渲染它，仿佛要让每个人都知道。如果她不想做功课，她会大哭，然后责怪那条信息，说：“我现在有很多事情要做，我做不了作业。我得离开教室去办公室一趟。”

如果她想开一个通宵派对，要是有人来不了她就会说：“你们都希望我自杀，是不是？你们对我的看法都一样。”这是她惯用的伎俩。

我们小组里的一名女孩（不是一个好女孩）发现了问题，她找到了 IP 地址，然后在学校用一种非常恶劣的方式揭露了这件事。她在学校的公共讲台上大声地公布了这件事，每个人都听到了。珍哭着走开了。她没有试图保护自己。

珍的名声已经是那样了。那是年初的事，现在过去了六月了。珍一度失去了很多人的信任。我想她也失去了很多朋友。现在她似乎又高兴了，笑容重新回到了她的脸上。

虚假的个人资料和 IP 地址

网络安全专家有理有据地强调了一个一致的信息，即互联网是公共领域。由于年轻人强烈地意识到了这一点，所以很多人都建立了虚假账户：不一定是为了做任何可疑的事情，通常是为了匿名评论和关注页面或他人。当年轻人进行网络自伤时，他们通常使用现有的虚假账户，或者建立一个新的虚假账户。

不幸的是，许多年轻人没有意识到，通过使用 IP 追踪器，他们的身份很容易“暴露”。如果人们能证明参与到网络自伤中的两个或两个以上的账户（一个真实账户和一个或多个匿名账户）拥有相同的 IP 地址，他们就能证明可能是同一个人从两个账户发布的信息。

进行网络自伤所需的能力与追踪某人 IP 地址的技能是完全不同的。一些年轻人面对同龄人高超的 IT 技术能力，就可能会被伤害。

“我知道我们学校有些孩子使用网站来追踪 IP 地址，”丽甘说，“我不知道怎么做。我从未亲眼见过，更没有这样做过，但我听说很多人都这么做过。当你和朋友关系好的时候，你不会认为别人会如此卑劣地去暴露你……但它确实发生了。你可能自以为，是你的死对头暴露了你，但你经常会发现，是你的朋友暴露了你的网络自伤。”

年轻人给我介绍了一个他们用来追踪 IP 地址的网站。该网站允许人们创建一个看起来无害的网站链接，然后发送给可能会进行网络自伤的人，通常是通过直接向他们的真实和 / 或虚假账户发送消息，诱使他们点击它。当网站被点击后，发送这个链接的人可以查看 IP 地址，并查看各个 IP 地址是否匹配。

来自 Code9 Parent 公司的简 · 韦伯（Jane Webber）为家长提供网络培训，她分享了她对 IP 追踪中这种偷偷摸摸的行为的看法。让她和我都震惊的是年轻人点击链接所需要的操控手段的精细程度。韦伯说："这是典型的青少年操纵手法。他们必须建立信任，并使用经过深思熟虑的策略。这是最坏的点击诱饵。年轻人收到链接后即使心里想'我不应该点击那个链接'，但也很可能会因为害怕错过而无法抗拒。"

真正的问题

一位母亲告诉我，她的女儿从一个叫作 iCarly 的美国电视节目中听说了追踪 IP 地址的事情。这可能只是整个节目中的一句台词，但却引起了她很大的兴趣！从那次开始，她到网上搜索了一番，然后尝试追踪 IP 地址。让我担心的是，年轻人可能只有很少的知识，并不知道自己在玩什么。他们可能认为自己掌握了技能，但其实只是掌握了部分信息。

"我认为年轻人对这个问题没有充分考虑过，"韦伯说，"孩子们可能没有意识到追踪 IP 地址有多不靠谱。年轻人需要在有人试图跟踪他们的时候同时登录两个账户。年轻人可能不完全明白他们在玩什么。在追踪 IP 地址时很容易出错并诬告某人。这会在社会上产生巨大的连锁反应。

韦伯还说：“另一件事是，你并不是在寻找完全相同的数字。最后一个数字可能不同，这表明它是使用同一网络的不同设备。核心数字必须相同。他们没有违反任何法律。你无法确定这是不是住在斯塔福德的安妮·史密斯（Annie Smith），但你可以将这个 IP 地址与你怀疑是他们的账户和评论进行比较。”

其实，这是一个精心设计的骗局，这是在骗人。年轻人必须非常精通技术才能找到他人的 IP 地址。如果网络另一端的父母不满并报警，或者更糟的是，一个情绪已经不稳定的年轻人在被追踪的压力下自杀，整个事件可能会“爆炸”。

你曾经匿名过吗

我在采访中曾问过一个问题：“你有可能匿名上网吗？”一想到一个对技术很精通、情绪不稳定的年轻人可以很容易地在网上隐藏网络自伤，我就感到非常害怕。

为了更好地了解互联网中的隐私，我采访了 Request Technology 公司的 IT 专家兼技术总监罗布·米克尔赖特（Rob Micklewright）。米克尔赖特在科技领域工作了 20 年，在许多场合帮助我了解了年轻人在网上所经历的变化：

在网上匿名并不难，以前比较复杂，但现在不一样了。互联网是一个很大的世界，对孩子们来说可能是相当危险的。然而，尽管有一些方法可以让你在使用它的时候更加私密，但互联网仍然是一个公共领域。你的身份隐瞒不了，什么都不是隐私。即使你能把自己隐藏起来，你也不能假设它就是隐私。很明显，隐藏你的身份和提高你的隐私水平所需要的技能是不同的。

很多年前，只有科技天才才能拥有隐私。如今，每天都有很多人试图隐藏自己的身份，而建立一个虚假账户是效果最差的。年轻人可以使用这些“用户友好”的方式，以进一步提高他们在网络自伤时保持匿名的能力。今天，有很多方法可以保护你在线的身份和隐私，包括代理服务器“凸岩”（tor）和“洋葱路由”（onion routing）。如今，虚拟专用网络（Virtual Private Networks，VPN）已经成为最受欢迎的一种方式。

什么是虚拟专用网络

VPN 服务可以从应用商店下载，特别是当你下载的内容不太多的时候，它通常是免费的。在确认用户需求和你想要链接的国家 / 地区后，应用程序会通过 VPN 连接将设备安全地链接到另一个网络。这将为设备提供一个来自所选国家 / 地区和网络的 IP 地址，这意味着你的设备将显示它正从你所选择登录的任何国家 / 地区使用。

每天都有许多人使用 VPN 访问世界各地的内容。例如，在伦敦奥运会期间，世界各地的人们使用 VPN 访问英国网站上正在播放的体育节目，因为他们的国家可能覆盖范围有限。这在技术上是非法的，但只能算是非常轻微的犯罪。使用 VPN 的其他原因可能包括：绕过网站的地理限制，观看像奈飞和 Hulu 这样在不同国家有更多的内容的流媒体（Streaming Media）[①]；防止自己接触不可靠的 WiFi 热点；通过隐藏自己的真实位置获得一些网络自主权；保护自己免于"记录在案"（通常是盗版内容）。

正如你所看到的，使用 VPN 有一些合理的理由，但是对于年轻人来说，除了在线观看其他国家的电影或购买其他国家的商品之外，其他的理由可能并不多。事实上，VPN 也允许年轻人隐藏破坏性行为。他们也可能利用它来隐藏自己的身份，在不被认出的情况下发表评论，欺负他人，观看色情作品，进行网络自伤，访问父母或学校可能不允许的任何其他网站或内容。

再来看看关于黑暗的恐怖主义、武器或毒品贩卖以及邪教的研究：VPN 在诈骗和犯罪活动中扮演着重要角色。"这就是诈骗如此猖獗的原因，"罗布·米克尔赖特说，"我的很多客户都收到过骗子发来的电子邮件，它们看起来是合法的，但如果你试图找到这些诈骗电子邮件的来源，它们几乎总是由链接到 VPN 的人使用的伪造电子邮件地址发送的，这就是追踪的终点。那就是一个'兔子窝'。你甚至找不到它们在世界上的什么地方。澳大利亚网络犯罪在线报告网（Australian Cybercrime Online Reporting Network，

① 流媒体技术是指将一连串的媒体数据压缩后，以流的方式在网络中分段传送，实现在网络上实时传输影音以供观赏的一种技术。——译者注

ACORN）通常无法追踪。”

VPN 会产生复杂的踪迹，很难（通常不可能）追踪到原始设备，但它也告诉人们，有人想隐藏身份是有原因的。米克尔赖特补充说：“如果这是关乎国家安全的问题，如果有足够的资源，我相信很多时候人们都会被追踪并被抓获。但如果人们有大量的资源、进行了周密的计划，就能够让事情变得几乎无法追踪。”

年轻人可以使用 VPN，使得通过伪造的个人资料或评论来对 IP 地址进行追踪的难度增加，以进一步保护他们的隐私。不过，米克尔赖特也提醒说：“年轻人仍然需要明白，VPN 意味着他们在做一些他们想要隐藏的事情。”

这对父母、学校和专业人士意味着什么

我个人认为，很多时候年轻人都知道他们的行为不足以让警察或学校追踪他们。他们也知道学校的隐私政策限制了他们进一步探索。他们还知道他们父母所拥有的知识有限！

高中电子安全官员卡尔·霍特科解释说：“我认为，孩子们从来没有想过自己会被抓。即使他们这样做了，他们也会否认，然后把它交给学校调查。作为一所学校，我们可以做我们能做的，但也有局限性。这就使得网络自伤很难在学校层面上进行处理。我不知道我们在道德上如何看待追踪 IP 地址，但这有时会很诱人。”

隐私权立法使得对学生的 IP 地址进行追踪在法律和伦理上都存

在问题。从教导关怀的角度来看，信任是非常重要的，也是非常脆弱的。学生辅导员尽量不要做任何有损学生信任的事情，否则这些孩子很可能在需要帮助时不来找我们。

隐私问题往往是学校选择笔记本电脑租赁项目的原因。这些设备归学校所有，家长租赁，学生使用。学校保留对设备上软件的控制权，并强调学校发放的设备上没有任何东西是私人的。这并不能帮助学校监控学生或家庭拥有的设备，但学校发放的设备更容易监控，也更合乎伦理。

霍特科说："我认为，学校通常很难解决在这个领域的滥用问题，这将需要对使用情况进行监控或对 IP 进行追踪等。在我们保护学生的努力中（通常是他们自己的错误选择），我们接受或尝试处理在任何其他情况下很可能成为警察事务的问题。保护孩子不受外部'捕食者'的伤害是很容易和明确的，但是在保护学生不受他们自己行为后果的伤害时，有时我们的同情心会妨碍正义或自然的结果。"

下面是一则正在上大学的年轻人给我讲的故事。这个故事不涉及网络自伤，但展示了年轻人如何追踪 IP 地址，有时是在绝望中想要帮助他们的朋友。

记得我在上八年级的时候，我们年级的一名男生想让另一名男生惹上麻烦。他用那个男孩的名字和照片伪造了一个账户。然后他用这个假账户给自己发送欺凌信息，并将这些信息截屏发给老师，试图让那个男生惹上麻烦。老师们都参与了进来。事情闹得很大，他试图攻击的那个男生很受伤。

这场闹剧之所以愈演愈烈，是因为这个孩子没有做，但老师们相信他做了。我的朋友是个技术天才，他说："好吧，我要追踪 IP 地址并把它找出来。"当我的朋友发现这个 IP 地址和那个声称自己被欺负的男孩是一样的时候，他就去找老师了。老师们进一步调查了这件事。我不知道他们有没有把警察牵扯进来，不过应该只有 IT 人员参与。我不知道发生了什么事，但后来一切都平静下来了。

网络自伤是一个高度保密和敏感的复杂问题。霍特科说："网络自伤的隐蔽性使得它真的很难预测和处理。如果我们能够认识到这一点，我们就有更好的机会防止灾难性后果的发生。最困难的部分是进入下一个阶段，即了解哪种干预措施最有效。"

我完全同意他的观点。

保持开放的心态

父母们给我讲过这样的故事，孩子们泪流满面地来找他们，说自己被"拳打脚踢"，而事实上这一切都是捏造出来的。你可以把网络自伤比作一个在线版的"孩子声称自己被别人咬伤了，但实际是他们自己咬的"。

这是众多复杂故事中的一个，它表明网络自伤不仅仅是"欺凌"。它揭示了所有专业人士都需要意识到的网络自伤的强烈和复杂的特点。

塔拉的故事

很多时候，学校都会和我谈论他们努力与之建立联系并给予支持的特定学生。塔拉就是其中一个学生。她的老师们觉得他们一直在“漏掉一些东西”，直到真相被发现。下面是她的故事：

塔拉是一个有竞争力的国家级运动员，她对自己的人生有着强烈的憧憬。她训练刻苦，非常专注于自己的运动。不幸的是，她还要与复杂的家庭问题做斗争，尽管为她提供了支持，但这些问题没有得到解决。10 岁时，她离开家，去了另一个愿意收留她的家庭生活。

塔拉经常会用刀片划伤自己大腿和腹部的皮肤。她经常将伤口给她的朋友看，然后朋友们就会向教官报告。塔拉有时会声称她是被父亲用皮带扣抽成这样的，而有时她会承认是自己弄伤的。关于塔拉的伤口，似乎总是有一堆复杂的谎言，让人很难分辨她什么时候说的是真话。

塔拉还开始向她的朋友们展示一些恐怖的、充满仇恨的 Facebook 消息，她声称这些消息是她妈妈发来的，总共有 60 多条。这些信息包括：

- 我要杀了你；
- 我要把你从悬崖上推下来；
- 我恨你这个该死的婊子；
- 你是个妓女；

- 你不是我的女儿；
- 下次见到你，我要杀了你；
- 我要毁了你的一切；
- 你去死吧。

后来，当塔拉向教官展示这些信息时，他们报了警。整个事件变得非常令人费解，因为她的父母否认发送了这些信息，而且他们的手机上也找不到证据。正是在那个时候，校长开始研究那些信息的语言结构，并质疑是不是塔拉给自己发送了这些信息。

其中一名警官追踪了 IP 地址，发现这些信息是从塔拉的电脑发出的。学校试图保护她的名誉，因此没有一个学生发现是她自己做的。

塔拉是一个非常麻烦的女孩，对她来说，自伤是生活中很重要的一部分。教官说塔拉给自己最大的自伤是为她的全国比赛进行的训练。她训练得非常刻苦但很极端：她不好好吃饭；经常脱水；她利用一切空闲时间进行训练。

家长的应对

家长们需要对网络欺凌可能是由他们的孩子自导自演的持开放的态度，并意识到网络自伤的上升趋势。不幸的是，除非年轻人选择坦白自己的行为，否则他们可能永远不会真正了解网络自伤的真相。如果父母发现他们认为被欺负的孩子实际上是在自己欺负自己，这可能是一个令人困惑和需要面对的现实。

我多年前聘请的一位资深的、经验丰富的心理学家找到我，与我分享他对我所辅导的一位年轻人的看法。他对我说："米歇尔，需要浮出水面的秘密通常都会浮出水面。如果你离得足够近，黑暗之处就会被照亮。我一直记得那件事。那天，我不得不选择面对围绕着的这个年轻人的大量谎言，或者走到她身边，直到她愿意开口说话。经过深思熟虑之后，我很高兴我选择了后者。"

为如此复杂的问题创造一个安全的交流空间并不容易。它可能会令人很沮丧。我的建议是，无论他们准备开放到什么程度，都要月易于接近、耐心和意愿去满足他们的需求。逼问他们几乎没什么月，可能只会增加其羞耻感。请参阅第 5 章关于自伤的必不可少的对话的讨论，所有这些都适用于网络自伤。

辛杜贾博士明智地补充说："父母、教育工作者和为青少年服务的成年人也必须认识到，有些时候，攻击目标和攻击者是同一个人，在调查问题时要敏感和亲切，同时也要提供社会支持（或许还要提供临床支持）。成年人要鼓励他们生活中的孩子和青少年，让他们知道，大人们在那里只是一个倾听者，不带任何评判或批评，讨论更健康、更有建设性的方法，以满足他们的行为所流露出的深层情感需求。此外，我们知道，年轻人有时会向朋友吐露自杀想法和他们的自伤行为；我们需要确保我们在青少年中讨论这一现象，这样他们才能理解这一事实，并在同龄人向他们敞开心扉时提供支持。"

一则关于联系的故事

卡莉开始受到欺凌，社交媒体是导致欺凌事件的中心。她朋友圈外的孩子会搞一些下流的把戏，并称卡莉是“这个圈子里最不受欢迎的人”。他们把对她的恶意评论“截屏”，并透露给卡莉。经历了这一切后，卡莉仍然没有回到自伤的状态。我们谈论了所有这些事情，我总是确保卡莉觉得自己被倾听了，而且是安全的。

几个月后，她的 Snapchat 账户收到了一条来自“不要关注已关闭的私人账户”的信息。它涉及了一些我们认为只有卡莉或与卡莉关系密切的人才可能知道的事情。它还明确提出了“赶紧自杀”的指示。

她的父母和我最初以为是某个非常不正常的女孩给卡莉发的这条信息。我们与学校进行了交谈，我们都非常关心编写这条信息的人是谁。虽然没有听到卡莉亲口承认，但我们坚信是卡莉把这个信息传给自己的。我们至今还不知道她为什么会用这种方式进行网络自伤。我们没有就此向卡莉提出质疑，我们只是采用了“温柔而亲近”的方法。

不管卡莉发生了什么事，都不是简单轻松的。她受到了伤害，她不想说出来，但她又想让每个人都知道。学校里的每个人都知道这件事，但没人说什么。由此，我和卡莉之间产生了一种美好的关系。转变发生了，我现在成为卡莉最安全、最真实、最温柔的避风港。

对于是否建议采取一种全面的方式，向年轻人传达有关网络自伤的信息，我真的很犹豫。这一年的经验告诉我，每个案例都是独特的，我觉得没有足够案例研究来提供具体的答案。然而，我发现，了解网络自伤的动机，并在最初的讨论中利用这些动机非常有帮助。

与传统的自伤一样，重要的是问题的指向而不是自伤的方法。在错误的时间正确地帮助就是错误的帮助。我和卡莉的父母谈了这件事，我们都决定密切关注她，加大对她的支持。关于她进行网络自伤的动机，我们只能猜测，即她在生命的那段时间里需要更多的安慰和关注。

在其他许多情况下，直接和开放的对话很重要，尤其是在这种行为还在继续的情况下——对他们的在线活动提供专业支持和管理也很重要。所有这些在前面的章节中已经讨论过了。

我继续敦促未成年孩子的父母建立社交媒体，以抵御青少年时期中最不稳定的时期，并随时了解他们如何处理自己的网络名声。这种行为会迅速升级，给年轻人带来极大的内疚感和羞耻感，还会损害社会声誉。

由于许多网络自伤都是短暂的，无论选择什么干预措施，都需要立即实施。家长们还需要关注潜在的问题，以确保网络自伤或其他破坏性行为不要重复出现。

网络自伤的预警信号

遗憾的是，对于家长和教育工作者来说，网络自伤一直很难识别，等到发现时已经晚了。以下是一些需要注意的发生在孩子身上的预警信号：

- 改变睡眠或饮食习惯；
- 对社交活动缺乏兴趣；
- 远离朋友和家人；
- 学习成绩下降；
- 悲伤或焦虑；
- 收到短信或通知时情绪激动；
- 无法离开电子设备；
- 改变作息习惯，比如晚睡或早起；
- 通宵上网；
- 独处或在卧室度过空闲时间；
- 校园欺凌或友情破裂；
- 声称自己不想活了。

总结性思考 | SELF HARM

网络自伤这个复杂的话题是每个人都需要意识到的一种自我欺凌形式。无论这些问题有多难解决，基本的答案都是一样的——沟通和联系。接下来的几章将专门讨论这些问题。

本章核心观点

- 网络自伤是一个相对较新的现象，公众对此知之甚少。
- 网络自伤被称为自伤的网上变种。它也被称为自我网络欺凌、网络自我伤害或自我控制，网络自伤是指在网上匿名发布或分享贬低自己的信息。
- 时代变了，在线处理痛苦的方法已经成为现实，但人性的基本驱动力没有变。自伤的动机和网络自伤的动机是紧密相连的。
- 如果有人追踪他们的 IP 地址，那些在网络上进行网络自伤的年轻人可能会被曝光。
- 进行网络自伤所需的能力与追踪某人 IP 地址的技能是完全不同的。一些年轻人面对同龄人高超的 IT 技术能力，就可能会被伤害。
- 家长们需要对网络欺凌可能是由他们的孩子自导自演的持开放的态度，并意识到网络自伤的上升趋势。如果父母发现他们认为被欺负的孩子实际上是在自己欺负自己，这可能是一个令人困惑和需要面对的现实。

SELF HARM

WHY TEENS DO IT AND WHAT PARENTS CAN DO TO HELP

第 5 章

必不可少的对话

我花了很多时间和年轻人探讨，为什么他们很难向关心他们的成年人讲述自伤的问题。一些年轻人告诉我，他们之所以难以将自己的自伤公之于众，原因有很多，其中包括感到尴尬、羞愧，或者害怕父母试图阻止他们伤害自己。他们还谈到很害怕父母不理解他们，生他们的气。

青少年的自伤行为对于关心他们的成年人来说是很难理解的。这些年轻人也很难解释清楚，这就使得双方最初的谈话变得非常困难。与自伤者打交道已有十多年的学生心理辅导员路易丝·克拉尔说："年轻人害怕惹上麻烦，这会阻止他们谈论正在发生的事情和他们的感受。如果他们认为自己会得到同情和理解，他们会欢迎这次谈话。"

当我和家长们交谈时，他们承认愤怒是他们需要努力去处理的一种情绪，尤其是当他们觉得自己被欺骗或被操纵时。

达西的母亲简是这样描述她与达西交谈的流程的：

开始和达西谈论她为什么要自伤时，几乎激起了我的愤怒。她直言不讳地说，这是因为她想让我们明白，她目前所在的学校让她不开心，她想转到州立高中。听到这个我很生气！她怎么会这么情绪化？为什么要用这种极端的行为来强迫我们给她她想要的东西？我们不得不面对达西大量的“表演”、谎言以及富有戏剧性的事件，这让我们对她极度缺乏同情心。事实上，我对自己的女儿有这样的感觉让我内心很混乱。我把自己的感受藏在心里，什么也没对达西说。

我想知道，是否这就是年轻人在告诉父母之前，就会进行网络自伤的原因。他们知道朋友不会生他们的气，感觉网络是个安全的地方。他们知道这些信息早晚会被泄露出去，然后被大人们发现。让他们的父母从别人嘴里听到自己自伤就不会感觉那么可怕了。

英国皇家精神医学院（the Royal College of Psychiatrists）表示，当一个人感到别人不听他的、生活是没有希望的、自己是孤立无援的，觉得事情失去控制或自己无能为力时，那么他就更有可能自伤。缺乏与愿意帮助他们的成年人之间的联系，是个体持续自伤的一个关键因素。话虽如此，我也看到那些被最愿意提供帮助、最热心的家庭包围的年轻人仍在与自伤做斗争。这可能是由于其他风险因素或与他们的生活有关的影响太多造成的。

学生心理辅导员瑞秋·卢比奥（Rachael Rubio）年轻时也有过自伤行为，她也曾描述过其父母发现她自伤时的第一反应。作为一名学生心理辅导员，她目前的工作之一是通知家长他们的孩子有自伤行为。我问她是否有什么具体的建议可以帮助父母更好地应对这些最初的时刻。

卢比奥说：“年轻人已经对自己的行为感到非常内疚和羞耻了。当父母听到他们的孩子有自伤行为时，他们会扪心自问‘我做了什么？’或‘没做什么？’，并开始寻找替罪羊。父母他们开始出于内疚和羞愧做出反应，他们之间的谈话很容易陷入僵局。”

卢比奥想让父母问他们自己的问题是：“我怎样才能坐在我的孩子身边，将那一刻的内疚和羞愧完全消除？”我们必须明白，最初时刻，即第一反应对接下来的流程至关重要。挑战在于不要责怪任何人或任何事。

第一反应

不管父母是通过老师、朋友、兄弟姐妹还是通过窥探发现，孩子有自伤的行为，通常都会让他们非常震惊。安妮·费里（Anne Ferrey）这样描述：“据报道，父母对家庭功能的看法比孩子更积极，而且大多数父母不知道自己的孩子一直在自伤。当他们发现时，他们震惊了。另一项研究将父母最初的感受描述为震惊、愤怒和怀疑。为了接受孩子的自伤现实，父母必须克服这些最初的感受。

我问家长们，当他们发现自己的儿子或女儿自伤时，他们最初的感受是什么，他们的回答如下。

- “我的胃很不舒服，然后整个人就麻木了。我不知道我做错了什么。”帕特丽夏说。
- “在那一刻，所有你能想到的感受一下子都涌了上来。”塔米卡说。

- “一开始我很担心，满脑子都是她皮肤上有很深的伤口的画面，并思考得有多么可怕的情绪和精神状态才能让她这么做。我不理解自伤，她为什么要这么做，她从中能得到什么。”凯西说。
- “我一下子就激怒了。作为母亲，我怎么能让我的女儿把自我伤害当作解决问题的方法呢？我们知道，我们的小女儿一定是失去了什么，但不知道那到底是什么。”劳拉说。

在这样一个情绪激动的时刻，让父母保持冷静和镇定是很重要的。我能给他们最好的建议是，在和他们的孩子交谈之前，先和心理学家、心理咨询师或亲朋好友谈谈。在我看来，这是父母所能做得最明智的事情，尽管我不敢说这足够让你的坏情绪远离你的孩子。

心理学家、教师科莱特·斯马特有 20 多年与年轻人打交道的经验，他补充道：“我强烈建议，作为自伤孩子的父母最好也都能得到支持。夫妻之间除了想到支撑外，还可以向一个不那么情绪化的人（如咨询师、亲密的朋友或家庭成员）求助。从家庭的创伤和痛苦中获得精神和身体上的休息是很重要的，这不是一种“逃避”，而是一种自我关照。自我关照对拥有健康和力量是至关重要的。把你的杯子装满，因为空杯子没有东西可以给别人。”

开始对话

对父母来说，和孩子们谈论自伤可能会让他们望而却步，但年轻人希望你能自信地对待这个富有挑战性的话题。正如下面这段话中尤尼斯所表达的，你可以从年轻人那里得到一些关于他们谈论自伤意愿的混乱矛盾的信息。一方面，他们可能看起来不想聊这一话题；但另一方面，他们又希望父母能深入了解，询问关心他们的心理状态。

她写道：

回顾我心理健康状况最差的那些日子，我觉得自己需要一些可以依靠的方法来帮助我应对。不幸的是，在我 13 岁的时候，我开始相信我可以依靠的方法是自伤。我与自伤斗争了大约四年。起初，自伤是我最后的应对手段，后来它成了我不得不做的事情。上高中时，我在许多变化中挣扎着，经历了友谊的丧失、家里人生病和我父亲的去世。关于自我伤害，我对自己的所作所为感到无比羞耻。尽管我把关心我的人拒之门外，但我还是想让他们看到或是刨根问底，问问我是否还好。

任何关于自伤的谈话都需要带着真正的共情，谨慎地进行。在我的工作中，我经常提到“温柔而亲近”这个概念。当我和孩子开始谈话的时候，这两个词我再怎么强调都不过分！当家长有疑问的时候，可以总是回归于“温柔而亲近”，即家长的身体语言、语调和实际的话语应该体现出这些东西！

要注意那些切断人与人之间联结的事情，判断、批评、过度反应、控制、不敏感和缺乏知识等都会对谈话产生负面影响，家长应该像躲避瘟疫一样避开这些，这些都不是“温柔而亲近”的。

我建议家长应该避免以下说法。

- 你这样做一定是你出了什么问题。
- 我想你这样做是为了引起注意。
- 如果你不停下来，我会惩罚你。
- 很多人在生活中经历过不好的事情，但他们都没有自伤。
- 你会把自己弄进医院的，或者更糟。
- 现在，你告诉我你把刀片藏在哪里了？
- 这种情况持续多久了？
- 我知道你的感受。
- 我敢打赌，你的朋友就是这么做的，所以你才开始这么做。
- 你为什么要自杀？

进行有意义的谈话从来不是一件轻松的事。家长要准备好一份路线图，但不要太在意你的计划。你的孩子可能会把谈话带到完全不同的方向。家长的路线图从一个简介、一系列引导谈话的问题或想法开始，然后有一个结尾。正确的开始至关重要。

家长的路线图：确定谈话概况

我看到过太多次父母在没有让他们的孩子做好准备的情况下，

就和他们卷入激烈的讨论，从而把本来就糟糕的一天变成了灾难。我建议家长一开始就对即将开始的谈话进行一些警示，谈话不要只是在驾车、购物或做饭时随意地开始。我更希望家长说："我需要和你进行一次重要的谈话。大概需要 45 分钟。你想边散步边谈还是在你的卧室里坐着谈？"仔细选择你们谈话的时间和地点。

孩子们需要知道家长会在某个时候闭嘴！这就是为什么家长需要告诉他们需要多长时间。如果是开放式的，可能会让他们觉得难以承受。如果谈话时间延长，那很好，但至少不要让他们觉得你整晚都要把他们困住！

我有一个建议，不要让谈话持续的时间超过你们俩在情绪上的承受能力。超过一个小时的谈话往往会失去其质量。在我看来，简短、聚焦的谈话会让年轻人回头寻求更多的谈话。我宁愿定期进行简短的谈话，也不愿进行让每个人都筋疲力尽的长篇大论。

男孩和女孩可能有不同的交流偏好。如果你有一个儿子，你可能会发现，少用眼神交流，多做一些肢体运动，可以促进更好地沟通。如果是女儿，身体距离越近，眼神接触越多越好。想象一下两个女人在咖啡馆里谈论生活中的问题。很多暗箭伤人都是在女人背后发生的，所以面对面让女孩们更安心。另一方面，男孩觉得直接的眼神接触很具有对抗性和威胁性，所以边走路边聊，或边开车边谈，可能更适合他们。

家长的路线图：引导谈话

尽管这可能听起来很疯狂，但请把这看作家长与孩子建立信任和联系的黄金机会。否则，家长可能再也不会有这种机会了。事实上，我真的希望家长再也不要有这样的机会了！孩子们可能再也不会如此脆弱，以如此特殊的方式需要家长。请小心处理，要意识到每个词都会产生影响。

试着营造一个能强化健康的、真实的、安全的、支持性的、不带偏见的环境，同时留下空间去了解年轻人当前的心理状态。永远不要假设他们在想什么。即使家长觉得自己可能不喜欢这个答案也要保持发问。有时候你需要不动声色，几次尴尬的停顿是可以的。如果孩子不想回答，请记住：满足于不知道。它不一定会改变家长的教养方式。

向孩子保证，家长不要因为他们有困难而认为他们是个失败者。世界上最聪明的那些人也曾经历过非常困难的时刻。我认为，家长并不能做到让孩子完全放心。这可能是他们有生以来第一次感受到如此深刻和压倒性的情绪，他们还没有成熟到知道人们可以度过这样的时刻。

以下是一些可以帮助家长构建和引导谈话的想法及问题。

- 我最关心的是尽我所能支持你，这次谈话就是要帮我做到这一点。
- 我能做些什么来改变现状吗？

- 我需要你帮助我了解自伤。自伤是怎样让你感觉好些的?
- 你一天什么时候最难受?此时作为你的家人,我们能做些什么来帮助你?
- 你睡得怎么样?
- 你愿意去看医生吗?
- 和我谈论自伤是什么感觉?你还会和谁谈这一些?
- 为了你的安全,我需要和你谈一些事情。你愿意和我谈谈这些实际问题吗?我需要你向我保证你是安全的,我们需要保持这些沟通渠道畅通。
- 现在我们能给你的生活增添什么积极的因素?有没有什么你曾经很喜欢做的事情现在却错过了?
- 在你最糟糕的时候,你感觉有多糟糕?如果你无法用语言来描述,10 分的话,你会打几分?
- 你的友谊和恋情进展得如何?
- 你现在对你和家人的关系感觉如何?
- 现在有什么我可以帮到你的事情吗?
- 有没有一些你不想和我谈,但可能想跟别人说的事?我可以帮你安排。
- 如果你想给我发短信而不是和我谈话,你知道我的号码!

家长的路线图:结束谈话

一旦开始谈话,家长要意识到你的孩子可能会在未来的几天里一遍又一遍地重复思考你说的每一个字。因此，请不要让这成为你们的最后一次谈话，因为他们需要澄清你所说的话。我猜，如果家长只和孩子们谈一次，孩子们会误解家长所说的话。我建议家长每隔几天就确认一下。

家长可以这样结束谈话："我希望这不是我们最后一次谈话。过几天我再来找你怎么样？或者如果你想早点跟我谈，我一直都在。最重要的是你要知道我爱你，没有什么是我不能为你做的。当我们爱着彼此的时候，没有什么是不能克服的。"

达西的故事

我向你保证，我还没有见过哪个父母觉得他们第一次就能很好地和孩子就自伤进行谈话。孩子们可能没有期待过你会这么做。他们最想从你这里得到的是一种感受，他们需要感受到你对他们的关爱，他们需要感受到你把他们的利益放在心上。剩下的只是细节问题。细节很重要，但远不如感受重要。如果你不知道怎么跟他们谈，就依靠感受。感受非常重要。

达西来找我的时候才 16 岁。她是一名典型的有许多危险因素（焦虑、冲动、持续的社交挑战、严重的欺凌）的年轻女孩。她拥有一个关系密切的、充满爱的家庭，家长竭尽全力地关心和干预她。我想把她的故事在这里写出来，以她的视角来说明她的家人和教练应注意到的一些预警信号，以及一些启动她康复的最初"不完美的对话"。

下面是达西的故事：

七年级快结束时，我一直在努力去处理同学间的友谊问题。我被排除在很多团体之外，这影响了我。我被欺负得很厉害。有时候很难谈论你生活中发生的事情。我已经很难再谈论那些了。把那些伤害你的事情再回忆一遍是很痛苦的，因为你不想再碰它们。

当你第一次被人问到“你在自伤吗？”这是一个有点奇怪的谈话。你会有点担心，因为你以为别人不知道。突然间，你觉得别人拿走了你认为对你有帮助的东西，你失去了应对策略。

第一个怀疑到我并和我谈这件事的人是我的姐姐。当时，我们的朋友有一艘船。我们夏天一起出去玩，我几乎不穿短裤。游泳时，我从水里一出来，立刻就会在身上裹一条毛巾，这让她意识到了什么。一次，我换衣服的时候，她突然走进房间，我感到非常不自在。这对我来说很奇怪，因为我以前从不担心她看到我半裸的样子！我很伤心，表现得不像我自己，这对我来说很不寻常。我的个性原本是很闹的那种。她在观察我是如何处理生活中的事情。她问我：“你在自伤吗？”我说：“没有”。她没有再问。看来，她不想逼我。

第二个知道的人是我的体操教练，我不清楚她是怎么知道的。现在想想，可能是因为她看到了我身上的伤疤吧，但我不能肯定，因为她从来没有问过。一天下课后她来找我说：“你还好吗？在学校一切怎么样？女孩们都还好吗？”我说：“一切都很好。”然后她说：“你是在自伤吗？”

我说："没有。"

她说："很好。"然后就没再说什么别的话了。

再后来知道的人是我的父母。另一位体操教练看到我大腿上的伤口，然后她和我父母谈了这件事。我不知道的是，我姐姐也和我父母谈过此事。

那天晚上我父母和我谈了话。他们问我能否让他们看看我大腿上的伤口。那真是很吓人。对我来说，我从来没有真正搞明白我为什么这么做，所以很难向别人解释。那一刻我很难向他们解释。爸爸很生气，也很不安，想让我告诉他我为什么要伤害自己。妈妈则很震惊，她哭得很伤心，她不知道该怎么办。我想他们希望我知道下一步该怎么做。

当初我之所以会自伤，是因为我在课堂上看到坐在我旁边的一个女孩，大腿上到处都是割伤的疤痕。我甚至不认识那个女孩。她的腿上刻着一些东西和人的名字。我问她为什么这么做，她说："我觉得无聊了，就拿起量角器在腿上画一画。"这就是起因。当时我很脆弱，女孩的话深深印在了我的脑海里。所以，我自伤并不是因为上网，也不是和别人讨论后造成的。

我在高中时经历了一段艰难的时光，当时我想找一些慰藉，我想自伤可能是有帮助的。从七年级到八年级，妈妈带我去求助时，我就已经自伤了。求助的效果很好，因为它让我知道，有一种不同的方法可以解决问题。除了我的父母，我还有其他人可以倾诉，这对我也很有帮助。

当我以一种更成熟的心态回顾过去时，我认识到我以前做的事情是没有道理的。我原以为自伤是一种释放，能让我的思绪远离我的问题。现在想起来真的很蠢，我真需要让我的头脑活跃起来。当我什么都不想的时候，即我的思绪占上风的时候，更需要让我的头脑活跃起来。我希望这对某些人有所帮助。

雅各布的故事

男孩们同样能清楚地记得第一次有人和他们讨论自伤时的情形。他们中的许多人可以描述出当时是谁、在什么地方以及具体都谈了什么。我遇见雅各布是在他快 20 岁的时候，那时已经有几个关心他的人，并开始就自伤和他进行过有意义的对话。雅各布的故事提醒我，有爱心的成年人可以对年轻人产生持久的影响。

我 14 岁时开始自伤，大约 16~17 岁时我的体重开始出现问题。我每天只吃几样东西，体重明显下降，如果我没记错的话，体重下降到了 60 千克。

我主要是节食，有几次让自己一直饿着，全然不顾自己亮起红灯的糖尿病。有一段时间，我几乎每天都很认真地割伤自己，主要是割伤大腿。当我住院的时候，如果哪一天心情不好，我还会把我的胳膊轻轻地划破。为了自杀，我三次过量服用处方药（胰岛素），第三次时，我在自己的前臂和大腿割了很多刀。

抑郁和焦虑已伴随我大约五六年了，所以当这一切发生时我很难记住人名和地点。我真的不知道我到底怎么了。我只知道我开始讨厌学校，时不时地被人欺负，而且我仍然对父母的离婚耿耿于怀。我害怕上学，并且有了自伤行为。

终于有一天上学前，我在车里崩溃了，我妈妈说我可能得了抑郁症。我们见了一个又一个心理专家，直到遇到了一个我真正感兴趣的心理医生。

在我看糖尿病的诊所里，一位名叫维基的女士教给了我一些基本的知识，比如“战斗还是逃跑”。直到我去看心理医生，我才真正明白到底发生了什么。在此之前，没有人跟我谈论过什么是心理健康。

尽管我不能代表所有的男生，但自伤真的难以启齿：直到今天，我都很难和我的精神科医生谈论这件事。作为男人，我们应该坚强而不能示弱。即使下巴被狠狠揍了一拳，我们也应该像没事一样。如果我们表现出害怕、不舒服或者非常沮丧，别人会告诉我们去“吃一勺水泥”，然后变坚强。我父亲仍然不知道该怎么对待自伤，我的很多男同学也不知道。这绝对是一种耻辱，我试图战胜它。

减少脆弱性

与子女开放交流的关键是为他们提供一个让他们感到安全的环境，无论这种环境是什么。作为父母，我们的工作就是尽量将脆弱性降到最低，而不是让沟通成为一个“压力点”。只有这样，他们才能表达自己的真实感受，而不必担心受到羞辱或批评。强迫他们去看心理医生可能并没有帮助，而只会让交流变得更加困难。

一些家长会使用一些简单的技巧，比如确保和男孩的谈话最好是通过开车或走路等其他活动来完成的。这不仅能吸引他们作为男性的生理优势，也能确保男孩们不会觉得自己在接受采访。当他们觉得自己是聚光灯下的焦点时，就会产生一种脆弱的感觉，于是他们会沉默下来。

我建议把谈话重点放在他们感兴趣的话题上，或者他们有信心谈论的话题上。找到共同点，与他们建立联系，不要让他们感觉你像是在做一个“项目”。谈论他们比你更有见识的话题，因为这会让他们觉得自己有值得贡献的东西。这会建立他们的信心，更有可能为进一步沟通打好基础。

当你开始一场困难的谈话时，不要从最难的部分开始。他们会立刻感到不知所措，无法承受。开始谈话时，一定要让他们感到放心和安全。问一些他们知道如何轻松回答的简单问题，然后再问一些更复杂的问题。

当你迫使他们走出舒适区进行交流时，你要意识到这一点。如果谈话不是自然轻松的，退一步，别管它。有时候，你必须满足于不知道他们的感受，直到他们准备好和你谈谈。强迫性谈话会让男孩感到失控和不舒服，这将永远不会激发出他们最好的一面。

试着在没有其他人在场的时候，单独和你的儿子谈一谈以尽量减少观众。我认识一个男孩，他有重要的事情要和他的父母说，但他没有马上开口，而是让他的母亲离开房间。“我知道爸爸以后会告诉你的，”他说，“但我宁愿一次只告诉你们中的一个。”他很脆弱，只能应付这么多。

还要记住，男孩子有较强的逻辑思维。他们需要公平的界限和有意义的绝对原则。太多的不确定和优柔寡断会让他们迷失方向。他们在流沙上站立不住。言简意赅，表达清楚你想说的话。

保持简单，保持清晰，保持诚实和真实。

窥探的诱惑

最近，一位母亲问了我这样一个问题，她在窥探之后陷入了困境：“前几天我看了女儿的日记，发现她有自伤行为。我太震惊了！她在浴室里用我的指甲剪自伤，我说怎么老是找不到它呢！我要告诉她我看了她的日记吗？这会辜负她的信任吗？我该怎么做呢？”

当妈妈们知道事情不对时，她们通常会在孩子的手机或日记上寻找信息。她们知道不应该窥探，但好奇心和关心会占上风。她们的意图是好的，但往往有点事与愿违。我们认为，这些发现可以帮助我们教养孩子，但它只是给我们增加了一个额外的难题。如果妈妈们能倾听并相信自己的直觉，她们就不必窥探了！

我建议，我们应该满足于在不了解所有事实的情况下“凭直觉知道”。有趣的是，了解事实通常并不会改变我们教养孩子的方式。

它所做的只是给我们信心（或弹药）去做我们认为首先应该做的事情。那么，我们到底在做什么？我们正在寻求验证。如果我们只想让自己确信直觉是正确的，我们就不必破坏年轻人的信任。

一旦我们窥探了，我们就不可能忽视所看到的东西，因此我们就会陷入进退两难的境地。父母下意识的反应可能是立即与孩子们去对质。但是，我鼓励家长花几天时间思考一下，然后客观地决定什么对他们是最好的。

家长可能会感受到一系列情绪，包括愤怒、悲伤、沮丧、无助、羞耻、内疚甚至厌恶。感觉到强烈的情绪是正常的，但家长要小心，不要让它们误导你的儿子或女儿。专注于做父母，如果这意味着不要告诉他们，那就这么做。秘密对人际关系没有好处，在紧张或微妙的情况下施加压力也无济于事。请打聪明牌，而不是感情牌。

有时候，直接谈论自伤不仅重要而且很关键。年轻人常常等待父母以诚实的态度走进他们的世界，表明他们对自己的处境并非一无所知。如果做得好，能让事情朝着积极方向发展的谈话是很有力量的。也有一些时候，年轻人还没准备好谈论这件事。如果你觉得他们还没准备好，就不要逼他们坦白。每当我与轻度自伤的年轻人工作时，我总是忽视自伤本身，除非他们自己想谈论它。为什么？因为我认识到，自伤往往笼罩在秘密和羞耻中，这对推动谈话并不起什么作用。

这意味着，如果家长在女儿的房间里发现了一把沾满了干涸血迹的剃须刀，或者担心儿子的不计后果会威胁到他的安全，那么家长最好还是跟他们谈谈他们的情绪或健康状况，而不是谈找到的剃刀或看到的瘀伤。不要忽视年轻人的心理健康，但家长要明智地对待它。

从以下任何一句话开始，就家长所关心的问题进行一次简单的对话，这可能就是开启沟通的方法：

- 我很担心你；
- 我想让你知道，如果你想跟人谈谈，我就在这里；
- 如果你想和任何人谈谈，即使不是我，我也会帮你安排的；
- 我现在怎样才能为你提供最好的支持?

家长可能必须一次又一次地提供这种支持，但如果家长一直这样做，总有一天他们的孩子会接受其支持。另一种选择是“全力以赴”，但它很可能适得其反。

“温柔而亲近”！家长们，我的建议总是“温柔而亲近”。

总结性思考 | SELF HARM

研究表明，重复自伤是很常见的，因此，尽早解决自伤问题很重要。自伤还与严重的健康问题有关，因此我们需要谨慎对待。我想澄清的是，在这一章中，我并不是建议父母忽视关于自伤的研究成果。我想强调的是，父母对自伤不同的处理方式将会带来很不一样的结果。在下一章中，我将帮助家长和孩子们谈谈，在家庭之外寻求专业人士或其他人帮助的事情。

本章核心观点

- 青少年自伤对于关心他们的成年人来说是很难理解的。这些年轻人也很难解释清楚，这就使得最初的谈话非常困难。
- 家长要问自己的问题是："我怎样才能坐在我的孩子身边，将那一刻的内疚和羞愧完全消除？"
- 我们必须明白，最初时刻，即第一反应对接下来的旅程至关重要。挑战在于不要责怪任何人或任何事。
- 任何关于自伤的谈话都需要带着真正的共情，谨慎地进行。
- 当家长有疑问的时候，可以总是回归于"温柔而亲近"，即家长的身体语言、语调和实际的话语应该体现出这些东西！
- 试着营造一个能强化健康的、真实的、安全的、支持性的、不带偏见的环境，同时留下空间去了解年轻人当前的心理状态。
- 永远不要假设他们在想什么。即使家长觉得自己可能不喜欢这个答案也要保持发问。如果孩子不想回答，请记住：满足于不知道。它不一定会改变家长的教养方式。
- 几次尴尬的停顿是可以的。
- 向孩子保证，家长不会因为他们有困难而认为他们是个失败者。世界上最聪明的那些人也曾经历过非常困难的时刻。我认为，家长并不能做到让孩子完全放心。
- 保持简单，保持清晰，保持诚实和真实。

SELF HARM

WHY TEENS DO IT AND WHAT PARENTS CAN DO TO HELP

第 6 章

专业支持和学校的作用

当父母发现孩子自伤时，孩子感到尴尬或羞愧是很常见的反应。父母必须就此事展开讨论，但父母可能需要寻求他人的帮助，像心理学家、咨询师或学生心理辅导员这样的第三方可能是很适合跟年轻人进行交谈的中立者，他们甚至可以帮助你的家人保持坦诚的沟通。

我建议父母为自伤的年轻人提供医疗支持，但我很惊讶有那么多的家庭尝试在家里处理此事。因为对自伤的看法有很多：有些人认为自伤是正常的发展性行为，或者换句话说，“十几岁的年轻人都是戏剧化的青少年”。另一些人将自伤直接归因于心理健康问题，因此在治疗时更多地采取医疗途径。我还遇到过一些人，他们认为自伤是一种调皮、控制或操纵他人的行为，需要受到惩罚。

父母如何看待自伤会极大地影响自伤的孩子对自伤的反应、他们会和谁谈论自伤以及他们是否会去哪里寻求支持。问题是，我们作为父母的认知是有限的。我们越是试图在内部处理自伤，就越可能犯错。许多专业而明智的建议是安全的。

我采访过的一位咨询师说，她见过一些年轻人对她说：“如果你不认真对待我说的话，我会做得更多、做得更严重。我要证明这不是一种寻求关注的行为，我真的不是在寻求关注。”我坚信，年轻人需要有权来决定什么样的治疗对他们最好，包括医疗支持。

然而，对许多人来说，让年轻人去和专业人士谈谈就像“把冰块卖给因纽特人”一样困难。有证据表明，大多数年轻人不愿意因心理健康问题去寻求专业支持。在一个非常脆弱的时期，年轻人很难与一个陌生人建立关系。家长们需要意识到他们面临着多大的挑战。阻碍年轻人接触专业人士的一些心态是：他们不想和任何人谈，他们认为没有问题，或者他们认为咨询无论如何都不会有帮助。

回想一下我们自己的 14 岁也许会有帮助。你是否有过这样的时刻，你对自己说：“我不知道我是谁。我不知道我想要什么。现在所有的事情都让我不堪重负。”那可能同样是你的孩子在自伤时所想的问题。父母将能够认出其中的一些感受。在那种情形下，一切都被放大了，没有什么是有意义的。父母说的话可能是他们最不愿意听的。

下面列出了一些向自伤的年轻人介绍心理咨询的实用方法。你也可以用相同的方法来和他们谈论就医的事。一种方法并不能适用于所有人，因此选择正确的方法至关重要。他们的年龄、你的家庭动力等因素可能会影响你的方法。

选择 1：关爱法

你可以说：“我们真的很担心你，如果不给你提供一些额外的帮助，我们会觉得自己是不称职的父母。”

选择 2：建议一个试用期

你可以说："我真的相信这有帮助。要不你先试几次，如果你不喜欢，我们再找其他方法。"

选择 3：作为一个家庭来处理事情

你可以说："这是一个我们都要承担责任的家庭问题。我们也会去寻求帮助。我们可能要一起去见一个人，这取决于你对对方的满意程度，但我们也会成为这个过程的一部分。"

选择 4：激发他们的同情心

你可以说："你能帮我去咨询吗？有时候，为别人做事比为自己做事更容易。"

选择 5：做家长

你可以说："作为父母，有些决定我们必须要做。这是我需要为你做的一个成年人该做的决定。我希望你相信，我知道什么对你最好。"

选择 6：尝试将治疗正常化

你可以说："每个人时不时需要他人的支持，这其实很正常。我能和你谈谈我认识的一些经历过艰难时期的人吗？"

选择 7：给他们选择

你可以说："看看这些网站。这些心理学家中有适合你的吗？你想让我为你预约还是你自己预约？我很乐意和你一起去，或者我把你送到门口？"

选择 8：敞开求助的大门

你可以说："我想这对你来说很难开口，但我想让你知道，如果你准备好了，我就在这里。如果和我谈太难的话，我也很高兴你能和你选择的咨询师谈谈。如果方便的话，你可以发短信给我。”

有时，尽管家长尽了最大努力，但孩子可能还是会拒绝家长提供的支持。如果他们不去见专家，我鼓励家长先去，勇敢地迈出这一步。

专业人士能带来的不同

我看到，很多家长在聘用专业人士后在情感上的投入就越来越少了，觉得自己已经做了他们该做的。不过，我想强调的是，专业人士不能取代父母。父母不能把养育子女的权力与义务交给别人。请家长在平时的生活和心理咨询中，每次都全身心地投入。

下面是一位母亲的故事，讲述了心理咨询和家庭支持如何产生良好的效果：

我们的女儿布里安娜用剪刀自伤。剪刀虽然没有锋利到可以切开皮肤的程度，但她在大腿上部还是留下了类似浅划痕的痕迹，这些划痕都是在看不见的地方。她大部分的自伤行为差不多都是在浴室里做的，在那里她知道没人会打扰她。

布里安娜的转变出现在她见了心理咨询师之后。我知道导致她改变的方法似乎太简单了，心理咨询师每周都要跟我女儿谈话，我想这主要是布里安娜终于觉得自己被倾听了的缘故吧。

我们都在倾听，她成为我们关注的焦点。布里安娜不去应对这一现状使我们深受打击。为什么我们花了这么长时间才意识到她的消极行为是我们没有倾听的结果？为什么我们选择只看到一个“坏”孩子，而不是一个哭着寻求帮助的孩子？一开始，我们并没有看到布里安娜的巨大变化。渐渐地，几个月之后，我们开始看到，我们之前那个美丽、活泼、自信的女孩又回来了。

关于男孩的话

在谈了这么多关于专业支持的话题之后，我要小声提醒一句：“我们需要倾听年轻人的想法。”我收到一条来自某位妈妈发来的短信，她想让儿子去跟心理咨询师聊一聊。

这条短信写道：“我儿子可能正在找人谈论他自伤的事情。我和他谈过，要不要去找某位专家谈一谈试试，但被他拒绝了。显然，在我儿子看来这么做并不‘很男人’。但现在他想明白了……”

让我欣慰的是，这位母亲根据她与一个值得信任的人交谈的积极经验，在不遗余力地说服她的儿子心理咨询会有所帮助，尽管她的儿子不相信聚焦在自己的情绪上会有多大帮助。我发现，大多数母亲都相信，如果我们能让儿子交流，他们就会感觉好得多。

在我创办和管理的卓越青年心理诊所，注册的女孩人数大体上是男孩的十倍。研究表明，女孩寻求心理健康服务支持的可能性是男孩的两倍，而心理疾病带来的污名对男孩尤其构成威胁。经验告诉我，尽管不是全部，但许多十几岁的男孩对心理咨询中心有一种先入为主的怀疑态度，而女孩更愿意接受一小时的心理咨询。

如果这仿佛在说你的儿子，就一定要发挥他的长处，坐在房间里接受心理咨询可能不是他喜欢的交流方式或风格。换一处方式也是完全可以的，只要他还有与乐于助人的、想努力改善他的生活的成年人建立联系的想法即可。

当我问作家兼教育家玛吉·登特（Maggie Dent），依靠心理咨询中心是不是男孩的出路时，她说："很难。一个男孩只会对他认为喜欢他并且自己信任的人敞开心扉。这可能需要很长时间。男孩子对个人隐私非常在意，不想让他人知道他们的感受有多糟。如果一个男孩第一次寻求帮助的尝试不令人满意，他们可能再也不会求助。他们害怕被背叛，害怕大家知道他们的弱点所带来的负面后果，这是最重要的。当他们找到了一个令他们信任的、能给他们以真正友好的方式提供帮助的人时，他们就会推荐给其他伙伴，然后他们才敢露面。

虽然我们不能简化求助中的性别差异，但我们应该意识到，年轻人希望对他们采用因人而异的帮助方式，有针对性地解决他们的心理健康问题，以及树立各自真正有用的信念。无论男孩女孩，我们需要倾听什么对他们有效、什么对他们无效，以及其中的原因是什么。与咨询师建立信任、融洽的关系，以及让他们获得积极的体验是让年轻人融入治疗关系的重要因素。

可以考虑的支持性服务

我见过许多家长，他们从老师或体育教练那里得知他们的儿子或女儿有自伤行为，他们的谈话结束后（有时甚至拿着转诊卡），却不知道下一步该做什么。那一刻给家长带来的震惊可能连谈话内容都记不清了。所以，下面我拟了一个家长可以联系以寻求帮助的名单，也是我一贯建议的提供正式和非正式支持相结合的名单。

- 医院或救护车：如果你觉得你的孩子不安全或有自杀的倾向，或者你无法在家处理伤口，拨打救护车服务中心电话或把孩子送往当地医院是最好的选择。遗憾的是，这是父母有时不得不做出的一个非常艰难的决定。
- 全科医生：手头能联系上全科医生是再好不过的，而且全科医生比专科医生更容易接近。在澳大利亚，你只有去看了全科医生才能获得转诊给专家的机会。请延长与医生的预约时间以获得转诊。如果你没有自己的家庭医生，可以向你所在地的学校或朋友寻求推荐。我一般会联系经常和年轻人一起工作、对心理健康特别感兴趣的医生。我常建议父母在带 14 岁以下的孩子去看医生之前事先做个预约。家长可能只有一次机会，所以家长一定要确保你能得到最好的专业匹配。
- 精神科医生：精神科医生是专门研究心理健康的医生。他们专门从事精神疾病的诊断和治疗，并有处方权。有些精神科医生可以为儿童和青少年工作，有些则不能。
- 临床和咨询心理学家：心理学家是提供精神疾病诊断和治疗

的精神健康专家。他们没有处方权。心理学家通常都有自己感兴趣的特殊领域，所以可以查看他们的个人资料，从中了解他们的工作经历。

- 心理咨询师：心理咨询师通常要经过两到四年的学习，以获得相应的资格证书。他们就生活中的问题进行私密的沟通与交流，以帮助解决来访者遇到的问题。通常擅长倾听、有爱心、能与家人一起工作是他们的强项。
- 小组治疗：一些心理、咨询和医疗服务会提供小组治疗服务。打电话给他们的接待处，他们会提供有关服务的信息。
- 生活教练：生活教练能够帮助年轻人树立人生目标。一些年轻人适合这种形式的帮助，而另一些人可能更适合心理学家和心理咨询师。由于这一行业尚不规范，所以要仔细调查生活教练的资质和经验。如果能同时看全科医生，生活教练所提供的帮助效果更佳。
- 青年工作者 / 导师：当地政府应该能够提供家长所在地区的青年服务清单。
- 教师和学生心理辅导员：来看学校的支持人员可以为年轻人提供其熟悉的、值得信赖的、方便和免费的服务。不利的一面是，许多教师和学生心理辅导员的时间有限。年轻人可能需要额外的帮助。
- 青年牧师 / 领袖：教会青年团体是家庭在星期五晚上的一个低收费（或免费）选择。在宗教背景下，年轻人会立即联想到老一辈的榜样和积极的价值观。

- 兴趣小组：如果你的孩子想远离运动或放弃其他兴趣团体，如体育、舞蹈、艺术、戏剧、游戏、棋类等，请尽量让他们参与进来。坚持住！让他们在青少年时期保持积极向上是至关重要的，尤其是当他们在人生道路上遇到一些障碍时。石头一旦静止就很难被移动。
- 家庭成员和朋友：你可能直呼他们的名字，但他们的帮助有时却能起到关键性作用。最棒的是，年轻人对他们充满了信任，这是最大的优势。不利的一面是，他们能否做到守口如瓶可能是年轻人的顾虑所在，这限制了年轻人真正敞开心扉。这对一个家庭来说，这的确是一个棘手的问题。

学校的作用

学校在识别和支持自伤学生方面发挥着不可或缺的作用。老师应该认识到一名年轻人敢于暴露自我伤害所需要的勇气。自伤是一种强有力的表达，往往是呼救。如果老师能很好地识别出自伤，那么他们就能在年轻人的生活中扮演重要的角色，他们在对事件进行披露，以及关于这个话题的一般性沟通上都应该谨慎处理。

每所学校都有一个内部转介系统，通常从教师转介到学生心理辅导员，再转介到家长和外部支持系统那里。虽然没有一个系统是完美的，但我发现每所学校都有辅导年轻人心理健康方面的佼佼者。年轻人自然而然地被这些成年人吸引，因为在他们心中更容易获得这些辅导员的理解和关心。

和家长一样，老师也会遇到学生自我伤害的问题，他们可能并不总是能学到该如何处理或怎么做。因此，对年轻人来说，与老师有关的负面经历并不少见。对自伤的误解经常导致老师与学生的互动蒙上阴影，因为在老师看来，他们应对学生的自伤行为可能超出了自己的能力范围，他们并不具备专业资格，或者他们的兴趣点不在这上面。

然而，年轻人的心理健康对学习有直接影响，老师通过课堂观察可能是识别和支持一个年轻人是否有自伤的关键。就我个人而言，我希望看到那些自伤的学生少一些消极的经历，因此我提倡老师在专业上能够有所提升。

隐私问题

老师的言行会受行为准则和学校政策的约束。自伤的学生在同老师初次交谈后，如果他们得知老师的言行没有遵守当初的谈话约定，就会寻求其他同学的支持和家长的帮助，这往往会导致自伤的学生在面对与之交谈的老师时无法坦诚相待。

以下是我提供给老师们的指导意见。

自伤是一个非常秘密的话题，通常要在一个相关方充分沟通的系统中进行探讨。这就需要依据真实的信息和 / 或“直觉”、学校的政策和程序，做出适当的校内转介。

老师应该确保所有关于自伤或心理健康的谈话都是以私下的、

不带偏见的方式进行的。一些简单的方式，比如营造一个秘密的环境来与所关心的自伤学生交谈，对保护该学生大有帮助。这可能很具挑战性，但的确需要优先予以考虑。

值得注意的是，有与老师对话意愿的自伤学生可能会先进行"火力侦察"，一点一点地透露信息。因此，无论是采用事件报告表格还是笔记的形式，老师有必要把交谈内容和观察到的情形记录下来。

我建议，老师不要让其他学生就他们朋友的心理健康状况进行评论，也不要特意去谈论某个学生。至关重要的是，老师在保护学生隐私方面仍然是不可或缺的。

对于那些透露朋友有自伤行为的学生，老师也应该给予同样的关照。这种性质的披露应按照学校的政策和程序进行报告。

重要的是，老师要让自伤的学生及其家长了解，在自我伤害方面他们需要与谁沟通，而且每个人都可以自己选择是否披露。

老师之间的沟通也应谨慎处理。很明显，走廊不是谈论、评价或闲聊此事的地方，老师恪守这些原则对于保护学生是至关重要的。

老师应将自己视为"支持链中重要的一环"，并建议自伤学生与本校或校外专业的医疗及心理健康人士谈一谈。

需要承认的是，信任推动了开放式的对话，自伤的学生由此才能向他们想要寻求帮助的人敞开心扉。这也会导致他们很难被转介到其他专业人士那里。老师应该把自己当作帮助年轻人与适当的人建立联系的桥梁，并为他们提供持续性的支持。

一旦有信息披露，或有证据表明某个学生有自伤行为，或学校认为进一步的沟通符合学生的利益最大化时，就应通知学生的家长。

如果学校是第一个告知家长他们的孩子有自伤行为的，校方与家长的谈话可能会很棘手。他们应该向父母提供事实依据，恪守保密原则，把该学生转介给专业的医护人员。初步的否认大多是父母的第一反应，所以长期与家长的对话则是必要的。

在学校内提供适当的危机干预电话，可以让自伤的学生更容易获得匿名帮助。

优秀的老师不会在自伤学生转介成功后就放手不管的。在接下来的几个月甚至几年里，老师与自伤学生进行交流是一种强化，让学生们知道他们正在进行的旅程是重要的。因此，需要学生家长和辅导人员随时向老师汇报该学生所取得的进步以及有什么需求。

教师也应该乐于提出问题，并在需要时获得他人的支持。在应对自伤的学生时要有心理准备，可能会遇到一些关于伦理、护理和转介方面的问题。

基于学校的预警信号

第 1 章已经介绍了一系列识别自我伤害的预警信号。此外，我接下来还会列出一些在学校里更容易识别的独特预警信号，自伤学生大都会有这些表象，学校老师需要加以留意：

- 无故旷课或逃学；
- 身上有无法解释的伤痕；
- 没有完成任务或家庭作业；
- 天气炎热时仍穿着针织衫或夹克；
- 戴着宽腕带，从来不取下来；
- 当身体被触碰时，会非常警觉；
- 表现出反社会或欺凌的行为；
- 终结了原有的友谊；
- 缺乏自尊或自信；
- 持有锋利物品；
- 卷笔刀上的刀片不知去向；
- 在进行体操训练或在嬉水乐园玩耍时，刻意不让胳膊和大腿露出来；
- 聊天时谈论过自伤或自杀。

发现男孩的自伤行为

记住，自伤是由年轻人的意念决定的。意念可能很难被“读懂”。对于我们成年人来说，分辨正常男孩行为和自伤行为也是很困难的，而且即便产生怀疑也无法通过与男孩的交流来证实。男孩的自伤行为很容易被旁观的成年人误解为冲动或不成熟。因此，我担心的是，一定有不少的自伤行为尚未被确认，这些年轻人并没有得到应有的帮助。

男孩经常用幽默来转移内心的想法和感情。有这样一个例子：

有一位老师注意到某男孩的胳膊上有一个“笑脸”的痕迹，这是他用打火机把自己的皮肤烧伤造成的。当他的老师问起这件事时，他说：“我只是犯傻了。”

其他男孩子都拿这个“笑脸”开玩笑，他却很骄傲。当他的老师和我谈到这件事时，他说：“很难知道男孩子们是真的需要帮助还是只是在胡闹。我很担心那个孩子。作为成年人，我们可能会做出很多假设，结果却错得离谱。男孩习惯于不需要他人的帮助，他们总是让你猜是不是在自伤。”

学生心理辅导员的大局观

学生心理辅导员还要处理好自伤对其他学生的连锁效应。辅导员瑞秋·卢比奥曾是一名自伤者，她说：“我们听到很多家长称学校的压力非常大，因为他们的孩子在学校表现失常。他们注意到，他们孩子的一个朋友给他发了一张他们自伤的图片。孩子一直试图帮助他的这些朋友，但这对他们来说太难了。一种非常常见的情况是，当他们收到一张图片，并试图回短信时，他们帮不了他们的朋友，这让他们很苦恼。”

正如你所想象的那样，这使得自伤对他们来说是一个更加复杂的问题。卢比奥继续说："我们花了很多时间帮助年轻人，让他们知道在这种情况下如何帮助他们的朋友。他们不能试图成为自伤朋友的顾问、心理咨询师、父母或兄弟姐妹。他们不能模糊界限，他们必须意识到自己不必像其他人那样承担责任，他们只需要做朋友该做的事，而不做心理咨询师该做的事。年轻人可能背负很多他们无法承受的负罪感，做更多的事情。我们必须做的一件事就是戳穿某些谎话。例如，孩子的自伤朋友可能会告诉他：'如果你告诉其他人，我会对自己做更糟糕的事情''你是唯一知情的人'或'你是我唯一信任的人'。这些话很少是真的。年轻人不是一下子就能意识到这一点的，需要给他们一些时间。"

没有完美的学校

如果家长和学校之间发生了冲突，这对年轻人来说是没有什么益处的。共同努力，确保自伤的年轻人能逐渐对自己在家庭和学校的行为负起责来，这才符合他们的最大利益。家长在家里看到的很多问题在学校里也会出现，只不过会以不同的形式表现出来，而且由于环境的不同，处理的方式也会有所不同。

去学校求助的家长应该得到关照和适当的支持。然而，家长们确实需要认识到学校实际的环境，以及教师在面对满是孩子的教室时所面临的局限性。判断错误、误解和时间压力都会影响沟通。学校应着重营造一种有爱心和积极的校园文化，以一种更富有同情心的方式处理自伤。

总结性思考 | SELF HARM

外部支持可以提供专业化的视角、希望和技能，让自伤的孩子在面对任何挑战的时候勇往直前。学校应对教师进行培训，以消除自伤给孩子带来的羞耻感，将使有自伤行为的青少年及其家庭更容易获得支持。第 7 章是极具实操性的一章，将介绍如何用自我关照代替自我伤害这一实用策略。我们还将讨论如何将自伤的伤害降到最低的安全计划，这是自伤青少年康复不可或缺的内容。

本章核心观点

- 当父母发现孩子自伤时，孩子感到尴尬或羞愧是很常见的反应。
- 像心理学家、咨询师或学生心理辅导员这样的第三方可能是很适合跟年轻人进行交谈的中立者。
- 对许多人来说，让年轻人去和专业人士谈谈就像“把冰块卖给因纽特人”一样困难。有证据表明，大多数年轻人不愿意因心理健康问题去寻求专业支持。
- 我想强调的是，专业人士不能取代父母。父母不能把养育子女的权利与义务交给别人。请家长在平时生活和心理咨询中，每次都全身心地投入。
- 我们需要倾听什么对他们有效、什么对他们无效，以及其中的原因是什么。与咨询师建立信任、融洽的关系，以及让他们获得积极的体验是让年轻人融入治疗关系的重要因素。

- 每所学校都有一个内部转介系统，通常从教师转介到学生心理辅导员，再转介到家长和外部支持系统那里。
- 虽然没有一个系统是完美的，但我发现每所学校都有辅导年轻人心理健康方面的佼佼者。
- 和家长一样，老师也会遇到学生自我伤害的问题，他们可能并不总是能学到该如何处理或怎么做。
- 自伤是一个非常秘密的话题，通常需要以尊重这一行为人的方式来处理。

SELF HARM

WHY TEENS DO IT AND WHAT PARENTS CAN DO TO HELP

第 7 章

自我关照和安全计划

一般来说，对自伤的治疗是富有挑战性的，因此我们对各种干预方法应持有开放的心态，一种方法不可能适用于所有孩子。我发现，对于许多有自伤行为的年轻人来说，临床治疗的效果相对有限，因此需要家长去寻求更全面的治疗方法。作为孩子的父母，尽你们所能，寻找更具创意的、更加有效的应对方法吧。

自伤早期阶段治疗方案

下面这个方案简单且实用，我曾多次用在那些处于自伤早期阶段的年轻人身上。运用这个方案，再辅以一个安全计划（将在本章后面进行介绍）对已经准备好战胜自伤的年轻人来说，无疑是个良好开端。

当你审视这个方案的三个阶段时，你会意识到，年轻人可能会在两个阶段之间不停地转换。不同阶段之间也可能会出现重叠。有时，他们看似取得了进展，但却又回到了第一阶段。这一切都属正常。

第一阶段：专业人士和父母的支持

当自伤的年轻人来我办公室寻求支持时，他们的生活状态通常是这样的：他们仿佛在跷跷板跷起的一头扑腾，失去控制，消极情绪主宰着他们的生活。他们通常需要一个富有爱心的成年人的帮助，才能把跷跷板另一头那些“沉重的大箱子”搬开。当你读到关于不良心理健康的文章时，你总会看到药物、治疗、锻炼和睡眠“四大件”，这些通常都是年轻人需要移动的“大箱子”。

药物可能以处方药、饮食改变或自然疗法的形式出现；治疗可能包括与心理学家、心理咨询师或热心的家庭成员交谈；锻炼可以像参加团队运动或请私人教练一样简单；睡眠是很难控制的，但通常是建立健康快乐的日常生活的副产品。像“睡眠周期”这样的 App 可以用来监测睡眠模式。要想把这些“大箱子”移开，需要有足够的创造力。要注意倾听年轻人的意见，这样你才能知道什么对他们来说是有效的，什么是无效的。

第二阶段：自我关照

父母问我最多的问题之一是：“我们什么时候介入合适？什么时候可以放手？”

对父母来说，很难对一个一直在挣扎的孩子放手，因为他们不想让孩子遭受更多的痛苦。一旦跷跷板处于“平稳”的位置，年轻人就相当稳定了，表明他们已经脱离了危险区。事态发展的趋势可能在任何阶段向好或向坏，但此时他们处于一个足够清醒的位置，能够做出决定并从错误中吸取教训。

这就是父母需要放弃照顾年轻人的基本需求的时候，因为年轻人需要发现哪些自我关照策略对他们有效。如果父母过度溺爱孩子，他们就学不到这些重要的技能。培养能帮助年轻人发展自我意识、克服沉重的情绪和实施自我关照策略的治疗关系通常是这一阶段的要点。

有时年轻人不愿意照顾自己，反而希望别人满足他们的需求，父母或家庭成员顺着他们会让他们感到舒服。父母可能会觉得自己被迫在纵容孩子，有一种被操控的感觉。重要的是，父母要明白，孩子的这种是视为不健康的行为。

父母也应该意识到，孩子进行自我关照并不意味着什么事他都可以自己做主。父母坚守的底线是：父母不应该为了放手而放弃为人父母的责任；他们的孩子仍然需要他们。

第三阶段：自我控制

当年轻人应对痛苦的能力比他们的痛苦更强大时，他就可以自我控制了。当然，他们不会一直在原地踏步！他们一定会找到对自己有效的自我关照策略，而且他们已经成熟到可以持续地实施这些策略。我们不能指望年轻人一夜之间就能获得这种自我控制能力。事实上，这种能力需要他们花时间不断地练习才能掌握。

延迟、分散注意力、决定

自我伤害的反面是自我关照。理想情况下，我们希望年轻人都能练习自我关照以调节情绪，避免自我伤害的恶性循环。理论上很简单，实践起来却不那么容易。

作为自我关照的基础，年轻人需要培养对自己感受的觉察，并意识到何时需要开始实施自我关照策略。对一些年轻人来说，识别情绪是很困难的，尤其是当他们经历过创伤的时候。在这些情况下，心理学家可能是帮助他们识别和表达适当情绪的最佳人选。

情绪是动态的。当情绪升级时，它们会迅速地将年轻人推向积极或消极的方向。好消息是，年轻人可以选择他们将遵循哪个方向。自我关照总是能让年轻人朝着积极的方向前进。如果年轻人懂得如何关照自己，即使是消极的环境也能使他们积极向上。受教育程度越高的年轻人，就有越多的自我关照的选择。

情绪像波浪一样，也是有生命周期的。当年轻人练习自我关照时，他们会驾驭这种强烈的情绪，直到它平复下来。重要的是要记住，我们经历的所有情绪，无论是快乐还是悲伤，都是有期限的。自我关照是一个勇敢的决定，因为它需要年轻人的勇气和坚持不懈。

在认知行为治疗师卡罗尔·维维扬（Carol Vivyan）提出的“延迟（delay）、分散注意力（distract）、决定（decide）的“3D 日志活动”中，我看到了驾驭情绪波动的基本前提。这还是多年前，我在一所学校教室的墙上看到的这种方法。

- 延迟：在一段时间内，力争不要屈服于自伤的冲动，这段时间有多久由你自己来设定。如果你想保证你所定下的时长，你可以拿一个计时器进行时间设置。

- 分散注意力：做一件能占据你的思想、将你的精力引向积极方向的活动，然后在该活动中把你能做的每件事都列出来。这个活动事项清单可以事先写好。
- 决定：在设定好时间段之后，决定你将如何应对自伤这种冲动。如果冲动还在的话，把再次延迟的好处和坏处写下来。

仔细琢磨一下从有自伤的想法到采取自伤的行动之间的时间框架，以及在这些时间框架内，自我关照如何帮助年轻人避免自伤是件很有趣的事：

- 40% 的年轻人在一小时内决定自伤；
- 22.7% 的年轻人在一个小时以上但不到一周的时间内决定自伤；
- 在决定自伤的年轻人中，有 29.3% 的人在一周多之前就做出了这一决定。

年轻人可能会考虑更加丰富的自我关照策略，以帮助他们驾驭强烈的情绪波动。每个人都会有一个最适合他们自我关照的类型，这取决于他们为什么自伤，以及他们对自伤的想法和相应的行动之间的具体时长。

创造类自我关照策略

- 故事创作；
- 绘画、素描和其他艺术形式；

- 写日志；
- 作曲或演奏乐器；
- 编写音乐播放列表；
- 化妆或做发型；
- 学习一项新技能或艺术形式。

舒缓类自我关照策略

- 洗个热水澡；
- 穿上舒适的衣服；
- 购买不同质地的袜子；
- 喝杯热牛奶；
- 怀里抱个泰迪熊或毯子；
- 给自己做个按摩；
- 喷香水或点一支香薰蜡烛；
- 看电视或电影。

整理类自我关照策略

- 整理衣柜；
- 打扫卧室；
- 建造一些东西；
- 收拾化妆品；

- 完成作业或任务。

社交类自我关照策略

- 给朋友打电话；
- 和朋友在一起；
- 帮助其他需要帮助的人；
- 去公共场所；
- 和朋友玩游戏；
- 与朋友一起观看有趣的视频；
- 跟宠物一起玩耍。

保健类自我关照策略

- 骑自行车或跑步；
- 跳舞；
- 用力揉捏物品；
- 大声叫喊；
- 撕东西；
- 敲打物品；
- 吃味道浓烈的食物。

冥想可以说是一种极少人掌握的艺术。有些人用轻松的音乐来清空他们的大脑。年轻人也可以通过瑜伽和正念来集中精力。只是坐着什么都不做也是一种很不错的方法。年轻人经常需要一些安静的独处时间，好让他们的大脑松弛下来并进行“重启”。

我推荐和使用的 App

- 自我关照（Selfcare）；
- 平息伤害（Calm Harm）；
- 情绪路径（Mood Path）；
- 呼吸应用（The Breathing）；
- 睡眠周期（Sleep Cycle）；
- 微笑的心灵（Smiling Mind）。

名为“平息伤害”的 App 会引导年轻人进入类似于“3D 日志活动”的过程。

我看到的有效策略

我见过的一个有效的策略是，让年轻人在他们经常自伤的部位写上他们深爱的人的名字，或在那个地方文一个假文身或者一句鼓舞人心的话以此作为为什么他们选择不伤害自己的提醒。

我看到的另一个策略是用人体彩绘代替自伤。我鼓励家长们购买大小不一的软画笔和五颜六色的颜料，这样年轻人就可以在手臂、腿部或身体其他通常会受到伤害的部位上作画。年轻人告诉我：“感官体验可以抚慰人心，色彩的冲击可以带来希望。”一位年轻女士解释说："我一直在拍摄和记录我的人体艺术。这让我在回首往事时感到自豪和快乐。我可以与我的家人分享我的艺术，这有时有助于我敞开心扉，谈论我的困难。"一位牧师与我联系说："我现在有几罐人体彩绘的颜料，还有一些用于'美甲'艺术的彩色眼线笔，年轻人如果感到不知所措时可以用。这是一个非常好的自伤替代方法。"

教授自我关照

当你不开心或苦恼时，知道如何控制情绪和安慰自己是一项需要花很长时间才能学会的技能。即使是成年人也会寻求他人来安慰和拯救自己，为什么？因为我们需要自我认知才能找到真正有效的策略，作为人类，我们一直在成长和进化。

我们如何进行自我关照会随着我们所处的生活阶段而改变。两岁孩子的自我关照与 12 岁和 30 岁个体的自我关照有很大不同。重新审视你的自我关照在生命的每个阶段是什么样子，需要重新评估哪些是有效的、哪些是无效的。自我关照需要你审视自己的整个生活，以发现你接下来的需求，这需要有远见。

因为年轻人倾向于向外看而不是向内看，所以他们经常会模仿别人的自我关照策略。他们可能会看影视明星或者他们的朋友在做什么。我发现年轻人在情绪低落的时候，常常希望自己是另一个人或是在其他的地方，而不是真正地滋养自己，诚实地面对自己是谁，以及是什么让他们感到快乐。

我们可能会陷入这样的困境中：把十几岁的青少年看成小孩子，不让他们有机会为自己探索自我关照的策略。我发现妈妈们经常试图管理他们孩子生活中的这个方面。我常常听到妈妈们说："如果他们像小孩子一样行事，我就会像对待小孩一样对待她们。"遗憾的是，不管他们的行为多么孩子气，小时候对他们有用的东西到了青少年时期就不适用了。我们可以向他们提供他们小时候适用的自我关照策略，比如待在家里休息或和家人一起外出。然而，规定的自我关照方法很少起作用。自我关照策略之所以有效，是因为它们能带来回报或让人感知到回报。

在青春期，年轻人必须尝试并找到新的应对方式。父母必须灵活地允许这个过程发生。有时候父母太死板了，固守孩子小时候对我们有用的东西，即使他们已经更新了几个"版本"了，父母还在使用旧的"游戏说明书"。放他们一马吧。长时间待在卧室里可能是自我发现的正常组成部分，但也可能包含着他们频繁社交的欲望。

我看到了自我关照策略带给自伤年轻人的巨大价值，尽管这些策略他们目前可能还用不上。为了每个人的利益，家庭可能会有意地把自我关照融入家庭的日常生活中，如留出时间交谈、一起烹饪健康食品或一起锻炼身体。在家庭日常生活中加入自我关照的策略，可以让年轻人提升他们的自我关照技能，并采取可能不同于他们自己的策略。

危害最小化策略

如果你有一个经常自伤的孩子，你就会知道让他改变自伤这个行为习惯是非常具有挑战性的。自我关照策略听起来像是对一个非常复杂的问题的过于简单、不完整的解决方案。在这段时间里，治疗师可能会建议使用一种尽量减少伤害的策略。

危害最小化策略在药物滥用领域有着非常悠久的历史。当应用到自伤时，危害最小化策略承认自我伤害随时可能发生，并接受年轻人可能会在他们生命中的某个特定时刻选择使用它。该策略的重点是帮助年轻人降低自伤的危害，而不是停止自伤。这是零容忍取向的一种替代方法。

治疗自伤的专业人士可能会探索破坏性或伤害较小的自伤方法，并建议年轻人只做那些对情绪缓解至关重要的事情。这能确保年轻人对自己和他人造成的伤害最小。

对于父母来说，接受他们无法控制孩子自伤愿望的这一事实可能是非常不愿接受的，甚至是难以承受的，因此最好在咨询专业人士的时候讨论危害最小化策略。年轻人自我伤害的程度和频率越高，就越有可能需要危害最小化的策略。如果年轻人有过危险或暴力行为、经常自伤、对疼痛的容忍度增强、被隔离或患有精神疾病，他们更有可能严重伤害自己。

尽管父母希望自己的孩子能立即停止自伤的行为，但是这种方法通常是最后的手段。在他们准备好采取更健康的应对策略之前，这也可能是一种暂时性的做法。

自伤的替代方法，如在手腕上弹橡皮筋、吃辣椒、洗冷水澡、在经常割伤的地方画红线，或把冰块放在身体上直到感到疼痛等，这些都是建议的危害最小化的策略。红色经常被用于危害最小化策略，无论是红色的冰块还是红色的笔迹。这是因为看到红色的血液是自伤过程中的重要组成部分。

这些策略造成的伤害明显小于割伤或烧伤，但它们无法满足年轻人自伤的强烈愿望。年轻人必须准备好给自己一些“无伤害的疼痛”，以使他们自愿使用这些策略。正如年轻人必须选择自我关照一样，他们也必须选择采取危害最小化的策略。

确保伤口得到适当的护理也是危害最小化的一个重要部分。年轻人可以通过使用干净的刀片和纱布来降低感染的风险。如果父母担心伤口出现问题，应该立即联系急救中心或当地医院。

我有幸指导尤尼斯多年，并与她和心理学家、精神病医生及全科医生一起工作。你可以在第 10 章读到她的完整故事。尤尼斯花了好几年的时间才摸索出更健康的应对策略并完全接受了自我关照。下面这段引自尤尼斯妈妈的话让我们深入了解了为什么尤尼斯在康复的后期阶段，选择了危害最小化的方法。

米歇尔一直在帮助我女儿改善失望情绪。如果事情没有按照我女儿的计划进行，她就会责怪我和她的老师。我们要让她明白，有时候生活并不是按计划进行的，没有人必须受到责备。她慢慢地开始掌控自己的情绪和反应。以前她每天都割伤自己，现在平均每周只割伤一次，甚至有三个星期没有伤过自己。以前我常常把家里所有的刀片都拿走，可她还是能设法找到其他的刀片。我还常常检查她所有的卷笔刀、剪刀和小刀。这样过了大约一年以后，我放弃了寻找刀片。我告诉她，如果她想改变，她就必须为改变承担责任，我不能替她做。我必须接受她的境况。

准备好了吗

年轻人说他们想要停止自伤和实际上已经准备好停止自伤之间有很大的区别。通过回答下面这些问题，能够让父母了解到他们自伤的孩子是否真的准备好了停止自伤。这是年轻人能够回答这一问题的极其重要的第一步。

- 你真的想停止伤害自己吗？这是你的主意还是别人的？
- 你为什么不想再伤害自己了？你有充分的理由吗？
- 是否至少有两个人愿意帮你停止自伤？
- 你知道通常是什么会引发自伤吗？
- 你知道自己在自伤之前的感受吗？
- 你愿意容忍负面情绪吗？你什么时候做过这件事？
- 你有可以寻求支持的专业人士吗？

安全计划的重要性

我采访了黛米，她曾向一位男性朋友分享了她的经历，而她的这位男性朋友的自伤最终导致了自杀。她告诉我：

特拉维斯去年自杀了，他是我在学校里的好朋友，大家都认识他。这件事影响了很多人。他 10 岁的弟弟发现他在一棵树上上吊了。学校的老师们去参加了葬礼，我们也都去了。他妈妈非常难过，这对我们的影响都很大，尤其对我的影响实在是太大了，我不想自伤了。我知道他以前靠吸食毒品自伤。他吸毒，也不照顾自己。我想，他在上吊之前自伤的时间不算短。

由此可见，我们必须与年轻人讨论安全问题，然而非常可悲的是，我们很难跟他们讨论这一问题。制订安全计划是非常可行、操作性强的手段，如果存在重大伤害或自杀的风险则尤为重要。下面是我为有自伤孩子的家庭设计的一个安全计划模板，我请了一名 15 岁的女孩梅丽莎来填写，这样你就可以了解如何使用它了。

梅丽莎的安全计划

表明事态正在升级的预警信号（如行为变化、情绪变化）有：

- 情绪变化，如焦虑或疯狂；
- 我不想和别人在一起，也不想在自己的房间里多待一秒；
- 开始变得急躁，对别人（如哥哥）发脾气。

自我关照的策略（我可以自己做的）是：

- 做个面膜；
- 播放音乐（让自己更快乐），以远离没用的手机；
- 跟狗狗在一起让自己开心。

自我关照的策略（和别人在一起可以做的）是：

- 通过手机视频电话与好朋友聊一些正常的事情，甚至与朋友出去玩；
- 如果可以的话，和朋友出去玩；
- 和家人在一起，而不是独处。

我可以联系的人有：

- 妈妈；
- 姐姐；
- 表兄弟。

他人推荐的自我关照策略是：

- 散步或跑步（走出家门）；
- 即使不愿意，也要和家人待在一起；
- 看电影。

我可以联系的专业机构有：

- 我的心理医生；
- 我的医生（如果必要的话）；
- 我想我可以打求助热线。

危害最小化策略是：

- 如果我不得不当着妈妈的面自伤，我尽量不要把自己伤得很重，这实际上就是我们讨论过的，那是她希望我做的；
- 不要割得太深；
- 处理好伤口。

值得活下去的原因是：

- 我有一个可以依靠的家庭；
- 朋友们支持我。

最后一次自伤

我总是很好奇，为什么年轻人到了一定年龄就不再自伤了。这也是我试着去问那些已经放弃这个行为习惯的人最后一次自伤经历的原因。很多人告诉我“自伤并没有给他们带来预期的解脱”或者他们“醒悟过来了”。以下是三位年轻女孩的故事，她们和我分享了自己最后一次自伤的经历。

阿曼达的故事

阿曼达自伤多年，她对自伤带来的疼痛已经有了相当大的忍耐力。当阿曼达 19 岁的时候，她和男朋友大吵了一架，结果他们分手了，为此她非常伤心。自伤是她惯用的应对策略，所以她用一把刀割伤了自己的肚皮，用她的话说是“把肚皮割成碎片”。阿曼达原以为疼痛是可以忍受的，但第二天早上醒来时，她体验到了从未经历过的疼痛，她痛苦万分。令人惊讶的是，她没有去医院，而伤口最终也愈合了。就在那一刻，阿曼达向自己保证，她再也不割伤自己了。她真的没有。这足以让人将自伤与痛苦联系起来，而不是与解脱联系起来。

米莉的故事

在我的记忆中，我甚至无法确定上次自伤是什么时候了。大概是一年以前吧，我妈妈可能比我更清楚！我只是开始觉得我已经长大了，不需要再干这种事了。自伤的念头慢慢地也就消失了。

梅丽莎的故事

发生了一些事情，但我不记得是什么事情了，无非是微不足道的小事。我去洗澡，拿了把剪刀，然后开始割自己。我妹妹走进浴室拿东西，她对妈妈喊道：“梅丽莎又割自己了！”妈妈跑了进来，浴室里乱糟糟的。每个人都在大喊大叫。我不知道为什么那次是我最后一次割伤自己。我已经很久没那么做了。

总结性思考 | SELF HARM

对父母来说，最大的挑战是倾听孩子的心声，并接受他们当下的心理状态。当父母这样做时，他们就可以引导而不是控制整个过程。实事求是地了解孩子的意愿将有助于专业人士和家长确定哪些策略是最适合用来支持他们。在下一章中，我们将讨论的话题是积极性、希望、感恩和归属感，这些都是支撑年轻人心理健康的重要因素。

本章核心观点

- 一般来说，对自伤的治疗是富有挑战性的，因此我们对各种干预方法应持有开放的心态，一种方法不可能适用于所有孩子。
- 当你读到关于不良心理健康的文章时，你总会看到药物、治疗、锻炼和睡眠“四大件”，这些通常都是年轻人需要移动的“大箱子”。
- 自我伤害的反面是自我关照。理想情况下，我们希望年轻人都能练习自我关照以调节情绪，避免导致自我伤害的恶性循环。
- 自我关照在理论上很简单，实践起来却没那么容易。
- 情绪是动态的。当情绪升级时，它们会迅速地将年轻人推向积极或消极的方向。好消息是，年轻人可以选择他们将遵循哪个方向。自我关照总是能让年轻人朝着积极的方向前进。

- 情绪像波浪一样，也是有生命周期的。当年轻人练习自我关照时，他们会驾驭这种强烈的情绪，直到它平复下来。
- 每个人都会有一个最适合他们自我关照的类型，这取决于他们为什么自伤，以及他们对自伤的想法和相应的行动之间的具体时长。
- 危害最小化策略承认自我伤害随时可能发生，并接受年轻人可能会在他们生命中的某个特定时刻选择使用它。该策略的重点是帮助年轻人降低自伤的危害，而不是停止自伤。这是零容忍取向的一种替代方法。
- 制订安全计划是非常可行、操作性强的手段，如果存在重大伤害或自杀的风险则尤为重要。
- 自我关照是一个勇敢的决定，因为它需要年轻人的勇气和坚持不懈。

SELF HARM

WHY TEENS DO IT AND WHAT PARENTS CAN DO TO HELP

第 8 章

父母作为教练

2008 年，《欧洲儿童和青少年自伤研究》开展了一项针对 30 000 名在校青少年的调查，结果发现：

- 79.6% 的人没有自伤想法；
- 14.6% 的人有自伤的想法，但没有采取行动；
- 2.6% 的人报告了一次自伤；
- 3.2% 的人报告多次自伤。

以上数据显示，14.6% 的年轻人有自伤想法，但没有采取行动。这表明我们确实需要采取预防性措施，在青少年实施自伤行为之前消除其这一伤害性想法。当我和年轻人一起工作时，我经常听到他们谈论的是自伤的想法，而不仅仅是自伤行为。不管其自伤所带来的伤害是否明显，我都会对他们的这种想法予以回应。

正如我们先前所讨论的，我们需要考虑到一些自伤的前兆。不健康的心理状态（如焦虑、抑郁、冲动和冒险），加上令人紧张的生活事件（包括家庭问题或个人痛苦）使青少年更容易自伤。自伤的频率和程度的加重与这些因素的叠加有关。表现出以上任何一种情况的年轻人都需要我们提供有针对性的预防策略。

对上小学的孩子来说，在学校的最后一年是一个很重要的过渡期，就像初中生刚升入高中一样。在此过渡期，父母需要调整自己的心态，以适应孩子周围的压力，他们的压力和稍大一些孩子感受到的压力是一样的。瑞秋·卢比奥在本书的第 10 章与我们分享了她的个人经历和智慧，她说："自信的孩子不太可能将自伤作为一种应对方式。所有的孩子都有可能经历自尊不强的时期。作为父母，我们需要留心这些时候。我们需要特别注意过渡时期，包括从小学到中学、转学、朋友圈的变化、经历青春期等。"

最近，我在当地一所学校做了一场关于压力和焦虑的报告后，有一名七年级的小女孩找到了我。她需要我的帮助，因为她在接下来的几天里要参加钢琴考试，她很担心这次考试。我问她最担心的是什么，她说："如果我考得不好，我不知道该如何应对。"我的心听到了她的声音。我们必须小心谨慎地面对他们生命中的这些关键时刻。尽管我们并不总是看到自伤，但我们听到了。

关注"心理弹性"这个词

在我所著的《每天的心理弹性：帮助孩子们处理友谊中的戏剧化事件、学业压力和成长中的自我怀疑》（*Everyday Resilience: Helping Kids Handle Friendship Drama, Academic Pressure and the Self-Doubt of Growing Up*）一书中，我谈到了如何让孩子们抵御风暴，并通过日常生活中的某一瞬间来建立心理弹性。这本书对那些有自伤行为的孩子的父母来说很有帮助，因为心理弹性正是我们的孩子在面对生活的挑战时所需要的。

心理弹性是指人们在面对逆境、创伤、悲剧、威胁、压力、紧张的家庭关系或问题时表现出来的适应能力。我们需要培养年轻人从挫折中恢复的能力，帮助他们在逆境中继续前行。他们在一生中都需要它。

人们很难把自伤和心理弹性联系起来，而更容易把自伤和自我关照相联系。我们可以把自我关照看作自伤的直接替代品，而心理弹性策略则是其建立的坚实基础。

帮助父母理解他们在发展心理弹性中所扮演的角色的最好方法是使用下面的类比。

把年轻人的生活比作一个大型的、要做很多次深蹲的健身活动，而父母的角色就像一名私人教练。年轻人需要我们的帮助来培养其生活中的“深蹲”所导致的“酸痛感”的容忍度。我们必须帮助他们培养应对痛苦的能力，这种痛苦不可避免地会在他们生活、成长、失败、重新站起来、经历更多的失败、征服梦想的过程中发生。当遇到逆境时，他们应该知道如何应对。

我们不想让孩子把自己的情绪掌控能力练到精疲力竭的地步，但我们的确希望他们知道如何应对“酸痛感”，并在不崩溃的前提下还能咬牙再做五个深蹲。这需要一种敢说“我能处理好这件事”的勇气。

作为家长教练，我们的工作至关重要。一名糟糕的教练会让孩子在他们开始“酸痛”的时候停下来。他会给孩子拉过一把椅子，递上一瓶饮料，然后说：“休息一下吧，坐着别动。我知道我们今天应该完成训练，但是你看起来很累，明天再练吧。”

一名伟大的教练可能会做相反的事情。他可能会说：“你能做到。你只剩下五个深蹲了。集中注意力，我帮你擦汗。我开始倒数。如果你有点发抖，没关系。如果你需要调整一下呼吸，那就做个深呼吸。为了你的目标值得拼一把。”

一个伟大的教练会找到 101 种方式来表达“我相信你可以”。

富有创意地表达“我相信你一定行”是一门真正的艺术，这能激发他们潜在的力量、人际交往能力、人的内在价值和身体属性。我在所著《在新常态时代养育十几岁的女孩》（*Parenting Teenage Girls In the Age of a New Normal*）一书中曾谈到过“夸完就闪”的表扬策略，因为青少年经常会对父母的赞美产生抵触心理，尤其是当他们正与消极的心态做斗争时。

“夸完就闪”的表扬策略是这样实施的：走近他们能听到的地方，赞美他们，然后消失。你可以说：“你头发新染的颜色很好看”或者“碗洗得很干净”，甚至“我真为你感到骄傲”。这一策略的诀窍是，不要夸奖完还待在那里，他们有可能会冲你翻白眼或给你一个厚脸皮的回应。赶快离开那里，别小题大做。

十几岁的孩子仍然需要感受你有多爱他们，你都爱他们什么，尽管他们嘴上不说。我对我的孩子试了几次“夸完就闪”，这抵销了我作为父母的所有不足之处。当我离开时，我想象着他们的反应，有时甚至会冲他们翻白眼。

年轻人对沉稳型成年人有着极强的依赖性，并从他那里获得看法和希望。有一天一位母亲跟我一起边喝咖啡边分享了她青少年时期的经历。毕业时，她遭遇了一连串的不如意，她承认自己处理得不好，导致她为人处世不再积极乐观。遗憾的是，那时她的生活中并没有出现一个关心她、帮助她的成年人为她指明方向。

“如果在你的生活中没有人告诉你，除了你目前的感受之外还应制订一个计划，那结果会怎么样呢？当艰难时刻来临时，如果有人鼓励你，又会怎么样呢？”她问，“我并不清楚我不知道的是什么。”

“我猜你只是根据自己有限的知识编了个结尾，”我回答道，“当你还是个十多岁孩子的时候，你最欠缺的就是看问题的视角。在你看来，生活总是跟‘今天’一样。我发现，年轻人很大程度上依赖我来获得看问题的观点和希望，这就是我在他们生活中的角色。”

感恩的力量

乐观就像一把保护伞，对某些人来说它来得比其他人更容易。一些年轻人的幸福感指数比其他人低，我们可以做一些具体的事情来帮助他们。罗伯特·埃蒙斯（Robert Emmons）在他的《谢谢！》（*Thanks!*）一书中介绍了一些关于这方面的精彩内容。他的研究表明，感恩与个体健康的心理、生理和社交之间有着紧密的联系。因此我的结论是，对于那些正在与自我伤害或任何破坏性行为做斗争的年轻人来说，学会感恩是一项非常重要的技能。

安妮特·斯普尔（Annette Spur）是近10年来澳大利亚国庆感恩日的发言人，她和我分享了她对感恩的想法，以及感恩对她的生活和健康的影响。安妮特曾与产后抑郁症做斗争，并认识到感恩是她康复的关键因素。每天晚上写日记的时候，她都要练习寻找值得感激的事情。下面这句话对她的触动非常大：

如果今天你只带着昨天让你感激的事情醒来，那你会带着什么醒来？

在她看来，熟能生巧。的确，通过不断的练习，每一种消极的情绪都能变成积极的。她说："当遇到问题时，我会关注积极的一面，反而感到很幸福。"这种能够将消极情绪转化为积极情绪的心态，对年轻人来说并不是天生来的。"

安妮特还说："我们并不是生来就懂得感恩，我们本性如此。任何一个凌晨五点没有被喂饱的婴儿只会哭闹，他们不会心存感激。当生活不顺时，我们自然想不到感恩。感恩是习得的，应该由父母来教授。"

我母亲经常叮嘱我们对所拥有的一切和他人的馈赠要心存感激。当有人送我礼物时，我感觉整个世界仿佛静止了一般，母亲一直盯着我，直到我说出"谢谢"这个词。然而，时光飞逝，13年过去了，用"忘恩负义"来形容我最贴切不过了。我的父母把我抚养成人，但我注定像大多数青少年一样，长大后就离开了他们。

如果这听起来像发生在你的孩子身上的事，请放心，你的孩子并非特例，这样的事也很普遍。事实上，年轻人在成长过程中都是以自我为中心的，培养他们的感恩之心并非易事，尤其是那些可能正在与不良心理健康做斗争或面临生活困境挑战的年轻人。要让他们对自己之外的世界敞开心扉是非常困难的。

我发现，家长不愿意和正在经历困难时期的年轻人谈论感恩，因为他们不想刺激这一时期的孩子。然而，我认为家长的不情愿给孩子带来了很大的伤害。

感恩是一种力量。爱和勇于挑战不健康的心态也是一种力量。

泰根的故事

大约一年前，一位三个孩子的母亲找到我。她最小的女儿患有残疾。她的大女儿泰根已经进入青春期，她因母亲陪妹妹的时间太长产生了一些不满情绪。众所周知，那些有残疾孩子的家庭过得有多艰难。

泰根交往的大都是自伤的女性朋友。她大腿上有非常非常小的划痕。可见，她想要别人关注她。她的母亲非常害怕她的女儿会自伤，所以全力以赴地回应她。能有这样的母亲是每个女孩的福气。

我们见了面，聊着聊着这位母亲哭了起来。我考虑过给她提供一些建议，比如“每周单独带她出去玩一次”“给她买个手镯来提醒她你有多爱她”或者“给她写一封有意义的信”诸如此类。但我猜这位母亲已经在做这些事情了，然而还是没什么效果。通常情况下，妈妈们都是在尝试过显而易见的方法后，她们最终会来找我寻求帮助！

我知道，读这本书的父母大都是已经尝试了所有显而易见的方法的。由此可见，所有的常识性方法都不管用，或者至少不能很快见效。我猜，读者读这本书就是因为我给出的不是 2+2 等于 4 的简单方法。

我记得我让这位母亲先离开房间，就剩下我和她的宝贝女儿单独留在屋里。我对她说：“我希望你能向我保证，在这次谈话结束后，我们仍然是好朋友。”这是我通常要表达“事情要变得尴尬了”的最好方式。她已经准备好跟我谈论割伤自己的问题了，所以这让我可以很容易地与她直接对话。

在接下来的 45 分钟里，我告诉她，平心而论我不认为她的生活被“割走”是值得的。我提醒她，在候诊室里的母亲爱她胜过自己的生命，她衣食无忧，学校也会竭尽全力支持她。

我向她保证，不管她对妈妈的不满情绪有多强烈，只专注于这些不满是无法找到前进的道路的。谈话果然起到了不错的效果！我们还是朋友。是的，她在微笑。在关爱中说真心话能触动一个人的内心，这真是太神奇了。

我们还谈到了她的不满可能给她的生活还能带来好处。不满就像金子，为了找到金子，我们必须跋涉到最黑暗的地方，找一把铲子，然后刻意去挖掘。我坚信，如果年轻人能在最艰难的时刻找到感恩之情，那将是他们今后人生路上成功的秘诀。如果我能帮泰根找到她的金子，我会非常满足！这就是泰根的故事，她将获得前行的动力。

作为父母，谁都想让自己的孩子尽量完美，但不容易做到。无论是父母离婚、家庭破产还是健康出现问题，父母都会以某种形式让孩子们失望。面对生活中的诸多挑战，我们无法回避。然而，我相信，正是父母离婚、家庭破产或出现了其他困难，有可能成就了你的孩子长大后生活幸福。不是让孩子没有苦难，而是从苦难中吸取教训，从而使其成为一个坚强的人。对最艰难的时刻心存感激，将是你的孩子今后成功的秘诀。

我相信，让我们的孩子在真实生活中找到快乐就足够了。毫无疑问，每位年轻人都能够找到快乐。如果这个我都怀疑的话，我早就放弃希望了。我看到，尽管有的年轻人和家庭曾面对极其艰难的处境，但他们满怀对未来的强烈希望和必胜决心走了出来。这并非不可能。

我送给泰根一个日记本，让她每天把应该感恩的事情记在本子上，即那些可能已经在她脑海中一闪而过，但她还没有完全意识到的事情。我们必须训练她的大脑，让她在简单的事情中找到积极的一面。这确实需要练习。有时她觉得记感恩日记很烦、很傻，有时她也能从中看出这样做的价值所在。

我们每周都见会面，从那时起我们才真正开始挖掘金子。我帮她拿起铲子，一块金子一块金子、一颗宝石一颗宝石地挖，我们最终找到了宝藏。我想让她认清是什么让她的生活变得特别、独特和对世界有价值，以及为什么她想成为自己家庭的一部分而不是别人的。

渐渐地，几个星期后，我们取得了一些进展，又过了一段时间，我们又感觉不到有什么明显的进步。尽管如此，这位年轻的女孩得到的最美妙的启示，她不想成为别人的女儿，只想做她妈妈的女儿。在泰根看来，她的妈妈是唯一能带给她勇气、力量和爱的妈妈。她感激她的母亲，她是她母亲的女儿。由此产生的巨大影响终于在她人生的道路上出现了转折点。尽管学会自我关照非常重要，但只有孩子成熟起来了才懂得感恩，并能伴随一生。

罗伯特·埃蒙斯在他的演讲《谢谢！感恩的好处》中谈到了感恩对社会关系的影响。感恩是一种社会情绪，又被称为一种社会强化情绪，它涉及被他人支持和肯定的感觉，这改变了个人之间的利益和关系的性质。通过感恩，人们可以变得更乐于助人、外向、亲社会、慷慨、富有同情心、少一些孤立、少一些孤独、更积极、更不具破坏性。

埃蒙斯的研究很好地解读了我如何看待感恩在泰根生活中的作用。懂得感恩改变了泰根对母亲的看法，也改变了她与家人的互动方式，不仅让她更加意识到感恩积极的一面，也使她有能力为家庭做出贡献。在被贴有各种“标签”的一代人中，我们必须培养其感恩之心，以此来抵御那些想剥夺年轻人看到真爱的破坏性思维的影响。

感恩的方式

我并非力荐你和你的儿子或女儿尝试这种“拿起你的铲子”的对话方式。亲子关系有其局限性。我的建议是，有一些方法可以让你们把感恩之情融入日常谈话中，这会提醒你们，你们还有彼此，而这一点是很容易被忘记的。当处境变得艰难时，我们很容易把注意力集中在痛苦上，而不是周围那些能给我们带来快乐的事情上。

我们关于失败、痛苦和压力的语言表述是非常清晰的。我们选择在家里接纳失败，并把它作为学习的机会。痛苦是学习的重要动力，正是在对痛苦和失败的接纳中，我们才真正茁壮地成长。如果我们能教会我们的孩子接受失败，那作为父母我们做得还不错。

父母与孩子日常对话的开场白可以是“告诉我今天进展顺利的两件事”“和我谈谈你欣赏的两个人”“和我谈谈你生命中三件美好的事”“告诉我我爱你的三个理由”或“让我们谈谈我们期待的事”，训练年轻人，让他们看到半满的而不是半空的瓶子。

请记住：想办法教会他们从积极的角度看待逆境，并心存感激。

归属感的力量

理想情况下，归属感应该是支撑每个孩子生活的基础。研究表明，从小就有强烈归属感的年轻人从事其他有害行为的风险较小。归属感是对心理健康的有力保护，也是让他们步入正轨的强大动力。有归属感的人会有更强大的动力和幸福感。

许多家庭都会遭遇不尽人意的境遇，如夫妻双方因文化冲突或家庭经济责任分歧而导致的分居、离异或因故去世，这些都对年轻人的家庭归属感构成挑战。在这种情况下，父母必须更加努力，以确保那些可能感到被抛弃、被拒绝或被忽视的年轻人有安全感。单亲父母深知独自抚养孩子的艰辛，移民家庭、人口少的家庭也有类似情况。

对归属感的意义和价值进行剖析可以让我们更好地了解归属感的重要性，能帮助我们认识到，归属感并非关于某一个特定的家庭。无论你的家庭是什么情况，归属感都是可以建立的，我们可以做一些具体的事情来帮助我们在家里建立一种归属感。

归属意味着被接纳为团队的一员。归属感是人类的需要，就像对食物的需要一样。在处理强烈的情绪时，归属感是必不可少的。拥有一个无条件爱我们的家庭是无价的。人们寻求加入社区、社会团体或体育团体来进一步满足他们在情感上对归属感的需求。

归属于一个团体验证了你是谁。当一个团队接受你时，他们就是在验证你。验证是一种承认，即某人对你的价值的认可。验证的作用同样是强大的。我们应想办法告诉年轻人他们可以做到，我们也应想办法告诉大家他们属于这里。

告诉年轻人，他们是家中重要而受人喜爱的成员——没有他们，家庭就不一样了，家人离不开他们——这是父母在孩子的生活中建立归属感的一种方式。

归属感也给予年轻人一种主人翁感，让他们了解自己在这个世界上是谁。他们需要感觉到家人离不开他们。这就是为什么干家务对他们来说不仅仅是家务那么简单——它关乎他们在家里拥有一个什么位置的问题。我们自己单独做每件事很容易，但这并不能增强我们的归属感。营造一个让孩子们认为他们所做的贡献对这个家很重要并且受到家人重视的环境，如他们在家里做了什么是家人离不开的？他们是如何被需要的？这对增强他们的归属感至关重要。

在我们的文化中，年轻人所期待的能增进团结的常规活动和仪式被低估了。这些常规活动将家人紧密地联结在一起，并提供了一种在他们生活中的其他任何地方都找不到的归属感，如周一晚上的家庭之夜聚会、星期四晚上的足球赛、悠闲的星期六共进早餐或星期天晚上全家人共度美好时光，这可能还包括一起做家务和做饭。你的家人一定还会期待下一次的团聚的。

总结性思考 | SELF HARM

说到战胜自我伤害，我们不能低估积极性、感恩、希望和归属感所带来的好处。我们越是创造性地、巧妙地将这些内容融入我们的生活中，我们就越能促进年轻人的心理健康。确保家庭的安全和快乐是如此重要，这就是我在下一章将专门讨论“照顾家庭”这一话题的原因。

本章核心观点

- 在孩子的过渡期，家长需要调整自己的心态，以适应孩子周围的压力。
- 心理弹性是指人们在面对逆境、创伤、悲剧、威胁、压力、紧张的家庭关系或问题时表现出来的适应能力。
- 我们需要培养年轻人从挫折中恢复的能力，帮助他们在逆境中继续前行。
- 我们做父母的，每天都应该牢记“心理弹性”。
- 把年轻人的生活比作一个大型的、要做很多次深蹲的健身活动，而父母的角色就像一名私人教练。
- 年轻人需要我们的帮助来培养其因生活中的“深蹲”所导致的“酸痛感”的容忍度。我们必须帮助他们培养应对痛苦的能力，这种痛苦不可避免地在他们生活、成长、失败、重新站起来、经历更多的失败、征服梦想的过程中发生。当遇到逆境时，他们应该知道如何应对。
- 我们不想让孩子把控制自己的情绪掌控能力练到精疲力竭的地步，但我们的确希望他们知道如何应对“酸痛感”，并在不崩溃的前提下还能咬牙再做五个深蹲。这需要一种敢说出“我能处理好这件事”的勇气。
- 乐观就像一把保护伞，对某些人来说它来得比其他人更容易。
- 感恩是一种力量。爱和勇于挑战不健康的心态也是一种力量。

SELF
HARM

WHY TEENS DO IT AND WHAT
PARENTS CAN DO TO HELP

第9章

照顾家庭

当最初的反应过去后，自伤所带来的全部压力就开始对家庭造成伤害。父母会跟我描述在接下来几个星期甚至几个月里，整晚的失眠和极度焦虑他们挥之不去。有时父母会回忆起在孩子房间或附近陪睡的情景，就是因为担心孩子会伤害自己。有的父母告诉我，他们通宵在网上搜索应对方案。所有这些必然会影响到父母的育儿方式和策略、自伤孩子的兄弟姐妹、父母的婚姻甚至家庭的财务状况。

根据《年轻人自伤对父母和家庭的影响》(*The Impact of Self-harm by Young People on Parents and Families*)一文所述，父母对自伤的继发反应包括压力、焦虑、内疚，在某些情况下，还会导致临床抑郁症的出现。“最后我去看心理医生，自己也服了抗抑郁药。这件事让我心力交悴，我根本无法入睡，”三个孩子的母亲黛布拉说，“我一直担心她会伤害自己。”

最重要的是，父母要应对与自伤相关的污名。由于极度渴望保守秘密，避免被不理解的人说三道四，父母通常会远离朋友和家人。例如，他们会谢绝亲朋一同去海滨度假旅行或晚上外出游玩的邀请。当你本能地把自己与通常的支持网络隔离开时，照顾好自己和家人就变得很有挑战性了。

下面是一位母亲写的故事，描述了她与有自伤行为的儿子的整个经历，这是任何经历过孩子严重自伤的母亲都能讲出的最原始、最真实的故事。当你读到它的时候，我希望你能关注这位母亲的情感历程——保护自己骨肉的不可否认的冲动是显而易见的。在许多情况下，只有父母可以提供必要的干预。但在时间允许的时候，也要有放手的余地，这对于年轻人的自我意识与父母的自我关照同样重要。

我们的大儿子把自己割伤得很严重，他的伤口在流血。流血对他来说很重要，这可以把疼痛发泄出来。他还试图把校服领带系在脖子上，然后把另一端拴在吊扇上上吊。他并不想死，他只想伤害自己，针对身体的自伤行为让他内心深处的痛苦有了意义。

他七岁那年，在昆士兰的炎炎夏日他却穿着宽大的套头衫，很明显发生了什么事。他是唯一穿长袖的孩子。

我们自以为，如果把锋利的工具收起来，就可以保护他了，但自伤似乎是一种压倒一切的欲望，他为了得到满足不惜用一支断了的铅笔来达到这个目的。有时，我不得不尝试约束他的身体，尤其是当我担心情绪会把他带到哪里的时候，我甚至有两次让他穿得整整齐齐的去洗澡。

在那些真正艰难的日子里，跟他讲任何道理丝毫不起作用。有的时候，我可以在他陷得过深之前抓住他。我要么在开车时把他拽上车，要么让他跟我一起散步。肩并肩地做同一件事，不用害怕看到你眼中的一切，这通常是进行深度对话的最佳场景。

我的丈夫总是有忙不完的工作，有时我需要让我的女儿打电话给他，让他回家帮帮我。有什么比这事还重要？

全科医生把我们介绍给儿科医生。经几位儿科医生会诊之后，我儿子被诊断为阿斯佩格综合征并服用了一种抗精神病药利培酮（Risperdal）。事情开始变得有意义了，并且儿子的病情也有了好转。青春期的确给他造成了影响。我们家族没有精神病史，只是我哥哥有多动症，所以儿子自伤对我们来说是要面对的全新问题。

有时候我会打电话给医生，他们会让我送他去医院，但我不能对一个 12 岁的孩子那样做。这就是和一个有心理健康问题的孩子一起生活的真实写照。当他们还是青少年的时候，可供他们的治疗选择是不多的。

我们让他参加了澳大利亚橄榄球联盟赛事（Australian Football，AFL），让他获得归属感和一种健康的锻炼方式，让他活跃起来，从而找到一个发泄内在情绪的出口。遗憾的是，我们没有地方放拳击袋，也没有健身房可去。在这段时间里，有人送给我们一只狗，这本身就是一个故事，因为我的丈夫不是一个爱狗的人，但狗狗埃斯成了我们儿子最好的朋友。埃斯知道蜷缩在床上，把头靠在他身上，这恰恰是他需要的，也意味着他有了一个一同散步的伙伴！

有时候，我们感觉如履薄冰，害怕说错话让他崩溃。他对自伤流血的需求影响着我们全家，而把岁数小一点的女孩子送到她们的房间并不能如我们希望的那样保护她们。我们把“亲近朋友，更要亲近你的敌人”这则谚语改为“亲近朋友，更要亲近你的家人。”

女孩们不需要了解所有的细节，但要给她们一个她们能理解的真相的版本，给她们一个理解的框架，这意味着她们不会试图自己会弄明白事情的意义，也不会妄下结论。当我们向二女儿解释事情的经过时，她哭了起来，我问她为什么哭，她以为她的哥哥得了癌症，快要死了。

起初，我们试图亲自处理此事。可结果令我感到内疚，并觉得自己很失败。我丈夫无法接受这件事，这也深深地伤害了他。我们做错了什么吗？我们并没有错。我们意识到，要保住儿子的性命我们需要他人的帮助。于是我们和一位心理学家一起工作，学校也很给力！我们谈了很多关于识别导致自伤的情绪，并设置了其他选项，甚至设计了一个暗语，这样我们就能知道他在精神上处于什么样的状态。

保持比较稳定的状态花了几个月的时间，但是在压力大的时候，他还会反复。现在他是一家大型五金店的首席采购员，平时的生活中仍然无法摆脱这些伤痛。他一个人住在外面，偶尔也会有情绪低落的时候，不过他可以自己处理。当他状态不好时，他会回到家里寻求我们的帮助。

维护好你们的夫妻关系

年轻人在面对任一困境所产生的压力都会造成其父母夫妻关系的紧张。我见到过许多夫妻在照顾自伤的孩子所承受的压力下苦苦挣扎。如果夫妻双方不愿意互相照顾，我想知道他们的夫妻关系还有可能维系下去吗？夫妻的婚姻关系需要比孩子的自伤时间更长久，但如果夫妻忽视了，那这一关系就不会长久。的确，孩子自伤很容易让人崩溃。我建议，夫妻双方要有意识地谈论未来和更快乐的事情。

心理学家科莱特·斯马特为相关家庭服务超过 20 年，他说："当我们面临压力时，我们的伴侣因为是我们最亲近的人，我们往往向他们发泄，就因为我们可以这样做。我认为，要维护我们的婚姻关系，首先要认清现实。所以，夫妻两人坐下来好好谈谈，一起做出选择，尽量不伤害彼此。一开始就把自己看成同一个团队的成员，因为你们都希望自己的孩子得到帮助以恢复健康。"

斯马特还提道："维系婚姻的关键在于夫妻如何处理所有决策过程，特别是在这种情况下如何照顾孩子。"这个过程一开始顺不顺利不是主要问题，因为一定会困难重重，夫妻在合作和尊重的前提下彼此是否具备良好的沟通能力才是核心点。我同意，能否处理好危机所造成的不可避免的紧张关系才是关键。

我刚刚接到一位母亲的电话，她跟我谈到了她的女儿。为了寻求关注所带来的持续压力已经让她的女儿出现了自伤、网络自伤、撒谎行为，这让这位母亲感到精疲力竭和沮丧。在这次谈话中，她对我说的最让我安心的一件事是，她希望和女儿再次交谈之前先和她丈夫谈谈。"我们总是一起做决定。"这是她的原话。

我看到，夫妻间犯的最大的错误就是没有花时间沟通和一起做决定。我还经常看到，父母中的一方向另一方隐瞒孩子的自伤行为，这对共同养育子女或交流毫无帮助。不一起寻求帮助，或者在关键时刻单独寻求帮助，以及无法从压力中抽出时间，这些都是很大的危险信号，通常不会有好结果。

夫妻之间观点不同也会导致夫妻关系紧张。例如，如果父母中的一方想要更多地控制局面，而另一方想给孩子更多的支持。自伤的年轻人就有可能“玩弄”父母，让父母觉得自己被夹在中间左右为难。父母也可能会把孩子的自伤行为归咎于自己的伴侣。上述提到的这些问题都很重要，需要花时间逐一解决。

考虑家庭经济承受能力

经常有类似家庭告诉我，自伤严重影响了他们的生活，也给他们带来了极大的经济损失。医疗费（来自医生、心理学家、精神病医生和其他替代疗法的账单）和请假时间（通常是无薪的，毕竟所有的病假和假期工资都被带孩子去求助花光了）都在增加，对于在家工作或自己经营企业的家庭来说，很难在家人的陪伴需求与赚钱之间取得平衡。

在我开设为自伤年轻人进行的心理辅导后，我发现很多家庭都愿意花两个小时的车程来卓越青年中心找我。我试图劝说他们不用来找我，也不必再因为这么长的路途而给家人带来任何压力。然而，在大多情况下，他们还是很坚持，我很感激我能与这些家庭建立了持久而友好的关系。我的观点是，人们在花时间为他们的孩子寻求正确帮助时，他们也要考虑家庭经济承受能力。很明显，对这些家庭来说，要找到合适孩子的自伤干预服务并不容易，否则他们会在本地寻找了。

我提到的这一点是想说，如果我们处理了眼前的危机，却输掉了最后一局，那么对我们的家庭没有任何好处。我们在处理问题上都有局限性，我们的银行账户也是如此。有时候，为了整个家庭的利益，我们需要鼓起勇气对紧迫的事情说“不”，尽管这样的决定我们很难做出。

照顾兄弟姐妹

当我和一个正在讲述他们自伤故事的家庭成员坐在一起时，我的脑海里经常浮现出自伤孩子的兄弟姐妹是如何应对自伤的。我担心的是，他的兄弟姐妹可能会经历继发性创伤，甚至被父母忽视，而这些都不容易被发现，或者看起来是合理的。父母也可能会过度保护年纪小一点的孩子，事无巨细地管理他们的行为，担心他们也会自伤。这可能会让他们窒息。

在这一部分，请父母停下来花一分钟时间想想自己的每个孩子。自伤孩子的兄弟姐妹是否会感到有责任、尴尬、疲惫、有压力、愤怒或被忽视。父母很容易忽视他们的这些需求。我知道父母可能会觉得自己被夹在中间，被困在重要的事情和紧急的事情之间，但我保证，父母也能意识到并回应它们。

科莱特·斯马特说：“儿童和青少年两者表现出有压力的迹象在很多方面都是不同的，所以要意识到即使是同一个家庭里的三个孩子，在面对压力时也可能会有完全不同的表现方式，这一点很重要。”

以下是一些孩子有压力的迹象，斯马特提醒父母应该有所留意。

- 远离家人，在房间里花更多的时间独处；不想回家，或者不想像往常那样和家人一起做事。
- 为自己围起一堵高墙，表现得好像没有什么能打扰到他们；或者当被要求谈论自己的感受时，表现出极强的防御性。
- 行为失常、爱发脾气甚至大发雷霆，或变得更爱哭，或在学校惹上麻烦。
- 内化（internalising）并开始做噩梦、尿床，或者变得更加焦虑或恐惧。在外出或上学时，孩子们可能不想离开他们的兄弟姐妹或父母。

总结性思考 | SELF HARM

我还想说，自伤和任何挑战一样，可以让一个家庭团结起来。家长可以把这件事当成一个机会，用一种值得纪念和有意义的方式来养育你自伤的孩子。在养育的过程中，多花一些时间与孩子进行沟通是非常关键的，它可以向孩子展示你是一位他们可以依赖的、强大而有能力的家长。

我认为，没有什么比聆听他人的故事更好的方式来验证自我强烈的情感了，这就是我努力用那些走过这段心历路程的家庭的真实故事来完成本书的原因。这些故事是没经过加工的、真实的，比任何研究都更能让读者安心并产生共鸣。

本章核心观点

- 夫妻的婚姻关系需要比孩子的自伤时间更长久，但如果夫妻忽视了，这一关系就不会长久。
- 孩子自伤很容易让人崩溃，我建议夫妻双方要有意识地谈论未来和更快乐的事情。
- 我看到，夫妻间犯的最大的错误就是没有花时间沟通和一起做决定。
- 如果我们处理了眼前的危机，却输掉了最后一局，那么对我们的家庭没有任何好处。我们在处理问题上都有局限性，我们的银行账户也是如此。
- 有时候，为了整个家庭的利益，我们需要鼓起勇气对紧迫的事情说“不”，尽管这样的决定我们很难做出。
- 自伤孩子的兄弟姐妹会感到有责任、尴尬、疲惫、有压力、愤怒或被忽视，父母很容易忽视他们的这些需求。

SELF HARM

WHY TEENS DO IT AND WHAT PARENTS CAN DO TO HELP

第 10 章

关于希望的故事

当我在社交媒体上宣布我在写关于自伤的文章后，一位母亲给我发来了信息。告诉我她的两个孩子都有自伤行为，所以她有资格对这个问题发表意见。我仿佛听到了她激动的声音：

米歇尔，看到你在写关于自伤的文章，我感到很欣慰，因为通常情况下，没有哪位家长在面临孩子自伤时是准备好了的。当我发现我的儿子和女儿在自伤时，我不知道该去哪里，也不知道该找谁谈谈。只要孩子一做出自伤行为，我们就反应强烈，我们已经有过好几次这样的经历了！我读了你的帖子，听到有人在谈论这个话题，我很激动。

希望来自战胜自伤的故事

我有一种感觉，父母一旦发现自己的孩子有自伤行为，就会六神无主，不知道去哪里寻求帮助。这就是我希望这本书能在家里的书架上占据一席之地的原因。然而，我知道这些家庭想要的不仅仅是信息，他们在寻找希望。没有希望，我们的心就会生病、迷失、无法继续前进。有了希望，我相信人类的精神力量几乎可以战胜一切。

我把这最后一章献给那些成功战胜自伤的人士，他们通过讲述其在生活中与自伤斗争的真实故事，让我们认识了他们中的每一个人，我很感谢他们为这本书和它的读者所做的真诚贡献。如果你的孩子现在还在苦苦地挣扎着，我希望你能放心，这些故事告诉我们明天会与今天大不相同。

22 岁的尤尼斯的故事

回顾我心理健康状况最差的日子，我觉得自己需要一些可以依靠的东西来帮助我应对。不幸的是，在我 13 岁的时候，我开始相信我可以依靠的东西是自伤。我与自伤斗争了大约四年。起初，这是我最后的应对手段，后来它成了我马上去做的事情。上高中的时候，我在许多变故中挣扎，被友谊的失去、家人的患病和我父亲的去世所困扰。

我上八年级的时候，第一次从学校和朋友那里了解到自伤。我记得我当时在想，如果别人认为这是有用的，那肯定也会对我有帮助。经过一年的自伤，我对疼痛的忍耐力已经大大加强了。我需要感受到更多的伤害来麻痹自己，从而让我远离抑郁和焦虑。关于自我伤害，我对自己的所作所为感到无比羞耻。我把关心我的人挡在门外，但我还是想让他们看到，或是刨根问底地问问我是否还好。

当可怜的母亲第一次发现我自伤时，她感到困惑、愤怒和不安。我记得头几天她哭着问我怎么能这样对待自己。不到一个月，我终于同意去看心理咨询师，尽管我觉得我不需要它，他们能帮上什么忙呢？他们不会理解的。老实说，一开始并没有多少人这么做。我和很多心理咨询师和辅导老师打过交道，他们都想帮助我，但当他们试图帮助我的时候，事实上却对我伤害更多。我被问了很多问题，比如“为什么要毁了你的身体”“为什么你要为小问题伤害自己”“你一定觉得这很酷吧”“我不理解你们现在这些孩子”，然而所有这些言论和问题却让我感觉更糟，让我觉得自己不正常，觉得自己毫无价值。

但我终于找到了一个人，她不会用问题来戳我。我第一次见到米歇尔时，她问了我一些基本情况、我的喜好以及我的业余爱好。我们谈了整整一个小时，就是没有谈我自伤的事。这对我产生了很大的影响。她也花时间和我的母亲在一起。许多其他的咨询师责备甚至质问我的母亲。我知道他们这么做过，这实际上带给了我很大的伤害，因为这并不是我母亲的错，她已经很自责了。我要强调的是，我的母亲和米歇尔帮助我渡过了这个难关。她们用爱持续地给我支持，且不加任何评判。

我的治愈之旅很长，有很多起起落落。我想让人们知道，事情并不总是一帆风顺的。我复发了几次，但这并不意味着我的病情又恶化了。随着时间的推移，自伤发生得越来越少，然后就停止了。最后，我学会了用积极的应对机制取代消极的应对机制。除此之外，积极的人也有所帮助。

我可以高兴地说，自伤对我来说已经过去了，我正在不断地朝着更健康、更积极的心态努力。我现在 22 岁了，我很感激在那段艰难的岁月中，有成年人一直支持我。

20岁的考特尼的故事

我上七年级的时候，我父母离婚了。尽管我预见到了这一变故的到来，但这件事带给我的创伤引发了我多年的抑郁、自伤和饮食失调。在努力适应一个破碎家庭的同时，我还得面对友谊问题、自尊问题及厌学问题。

我心里积聚了太多的痛苦和自我憎恨，我觉得唯一能减轻痛苦的方法就是把它发泄在我的身体上。一开始只是几处划伤，后来我就上瘾了，伤口变得很深。在我意识到这一点之前，我每天都在伤害自己，因为它只给我几分钟的时间来缓解我头脑中的混乱。我的胳膊和腿上都有伤口和疤痕，在盛夏的时候，我穿着长袖来遮掩它。幸运的是，我父母很早就发现了这一点，并把我送到心理医生那里。在我14岁的时候，我被诊断出患有严重的抑郁症和焦虑症。

为了让家人开心，我继续去看心理医生，但我仍然在挣扎。我开始失去朋友，因为饮食失调，我瘦得吓人，我认为我活不到16岁生日那天。在我母亲发现我几次服药过量和深深的伤口后，她担心我病了，在违背我的意愿的情况下把我拖到医院。我没有入院，因为我说服了医生我很好，但实际上这是一个警钟，我需要认真地寻求帮助。

终于，在18岁的时候，我认为自己已经战胜了抑郁，庆祝自己有一年没自伤了。但一年后，我的抑郁症又悄然重来，2017年年底，我又一次自杀未遂，被紧急送往医院。就在那间医院的病房里，将近20岁的我意识到，这不再是解决问题的答案。我为让自己再次陷入那样的境地而感到羞愧，我向自己保证再也不会跌入那样的低谷。在朋友、家人和专业人士的支持下，我很快就康复了。老实说，我觉得自己像换了一个人，对生活有了新的看法。

尽管我花了很多年来与之抗争，但我终于可以说，我已经走上了康复的道路，我不认为自己会回头。我现在意识到，我的身体不应该成为我问题的出气筒，我曾经用来寻求解脱的疼痛也不再起作用了。看着自己的伤疤，我并不感到羞耻，也不觉得有必要隐藏它们，但它们是我余生必须面对的东西。有些时候，我不敢相信在经历了那么多之后，我还在这里。但我每天都提醒自己，我是力量和心理弹性的活生生的证明，我的过去造就了今天的我。

作为母亲和学生心理辅导师的瑞秋的故事

我的自伤之旅始于 14 岁左右，采用过许多不同的方法，从饮食失调（限制饮食、暴饮暴食和催吐）到割伤，最常见的是烧伤自己。

我在一个充满关爱的家庭中长大，父母都深爱着我；然而对我和我的家人来说，情绪是很难表现出来的东西，尤其是那些难以表达的情感。

直到我十几岁的时候，多年的童年性虐待所造成的创伤才开始真正影响到我。我发现自己经常做噩梦，往事动不动就浮现在眼前，还会冒出很多我不知道该如何处理，甚至不知道该如何表达的情绪。就在那时，自伤开始悄然袭来，从而证实了我内心深处的羞耻和黑暗以及我无法言说的痛苦记忆。作为一名年轻的女孩，我感觉一切都在崩溃，在无人真正理解的世界里大声呼喊着寻求帮助和关注。

我发现，自伤是自己在数年的时间里时不时会做的事情。每当事情变动太快，当我无法用语言表达，当一切都变得无法承受的时候，我就会发现，想要伤害自己的诱惑又会卷土重来。即使到今天，如果我在黑暗中艰难前行，我仍然会发现自伤的想法仍蠢蠢欲动。但对现在的我来说，这只是一种想法。

因为我现在知道，自伤曾经在一段时间里所起到的作用如今已经不存在了。现在我知道，我的身体不应该承受这样的痛苦，自伤的方法也不是解决问题的办法，它只是一个临时的创可贴，会导致更多的长期问题。我现在知道，还有许多其他更健康的选择，我可以寻求安慰和释放，它们不需要伤害我的身体、我的精神，或无助地看着爱我的人们。十几岁的我还不能理解这一点，但成年后的我知道，即使在那些我仍然感到无话可说、无法用言语来形容的破碎的过去的时候，自伤不是也永远不会是我需要的答案。

我的身上有许多伤疤——身体上的和情感上的，它们都讲述着一个个故事。但现在，这是一个充满希望的故事。曾经有一段时间，我也认为我的未来并没有为我准备什么，每天都是一场挣扎和斗争。但现在，我有幸每天与年轻人坐在一起，鼓励他们，无论过去如何，未来总是有希望的。治愈和自由并不是终点，而是充满新发现的一生的旅程。沿途会有山顶的体验、低谷的体验，还有很多中间部分的体验。但是当你回首往事的时候，你可以自豪地说："哇，看看我已经走了多远，看看我学到了什么，看看我在谁的旅途中提供了帮助和鼓励！我可能还没有到我想去的地方，但我正在路上，在路上的每一刻我都将会学习！"

21 岁的雅各的故事

12 岁的时候，我开始厌学，课业压力使我紧张到了彻底恐慌的地步，欺凌行为时有发生。13 岁的时候，我的缺课率高达 60%，因为我害怕在学校里露面，要么是因为家庭作业，要么是因为学习任务，要么是因为我和朋友之间的问题。14 岁时，我被诊断出患有焦虑症和抑郁症。从起床到穿衣服去上学，我每天都在挣扎着做这些琐碎的事情。15 岁时，我试图结束自己的生命，开始近乎虔诚地自伤。这无疑是我生命中最低谷的时候，导致我在三年中有三个月待在医院。

我不会因为任何事而把那几个月的时间收回。我在病房里学到了很多东西，包括我想用我的生命做什么，当我遇到糟糕的一天时如何保持安全。我遇到了一些世界上最坚强、最宽容、最善解人意的人。在 2016 年 3 月最后一次就医之后，我就再也没有被送进精神病院，我一直在慢慢地、稳步地把我的生活重新拼凑起来，并在长达一年的时间里没有自伤。我在一家心理健康诊所大约待了一年，然后我回到了我私人心理治疗师和精神科医生那里，继续制订我的安全计划以及我康复的最佳方式。为了让我康复，我不得不做出许多艰难的决定，打破许多习惯和社会关系。

我有过几次复发的经历，有一次服药过量，我不得不被送去急救。现在回想起来，我所看到的就是旧病复发，但这并没有让我回到五年前的状态，这只会让我更加想要击退这些恶魔。那是在 2017 年，差不多一年之后，我又回到了长达一年的干净的状态。我知道追踪自伤轨迹可能是一件很奇怪的事，如果打破这种状况，那将是毁灭性的，但这是我最大的动力之一，如果这一切发生的话，我就有一个支持网络来帮助我。

几个月前，我的安全计划接受了测试，这可能是我经历过的最艰难的测试之一。我遵循了我的计划，它成功地保护了我的安全。和我深信的人交谈可能是我没有陷入旧病复发的原因。

我的旅程是独一无二的，就像任何精神疾病一样。我决定用我的经验来帮助那些经历过类似问题的青少年，就像我的心理治疗师为我做的那样。我们喜欢谈论的一件事就是书，我们经常会谈到的就是一本名为《迷宫》（*The Labyrinth*）的书。每个人在人生的某个时刻都会经历自己的迷宫，我回顾我的迷宫，把它看作一个学习的经验，我可以用它来帮助那些刚刚开始迷宫的人。

尽管我的旅程还有很长一段路要走，但我要为之奋斗，也要帮助其他人为看到自己的人生而奋斗。当我帮助别人的时候，无论是阻止他们自伤或自杀，还是仅仅是提供帮助，我都感到如释重负。他们至少可以多活一段时间，而且他们会知道有人爱他们、关心他们。我只有 20 岁，所以我的一生还有很长的路要走，还有很多要付出。

40 岁的珍的故事

我今年 40 岁，在我动荡的青春岁月里，我带着伤疤在生活。在我十几岁和成年早期，我有着强烈的情绪，我不知道它们从哪里来，也不知道如何处理它们。我求助于许多破坏性的行为，将它们作为消除情绪和使情绪麻木的一种手段，因为这种强烈的情绪超出了我的处理能力，或者至少我认为是这样的。我也很痛苦，一提到这些，我就觉得自己会被误解和疏远。我应对的方法之一就是自伤，我不知道这是怎么开始的，也许是我在医院里从其他青少年那里观察到的一种后天习得的行为，但我意识到它起作用了，至少在我认为有效的时候是这样的。

起初，我的自伤行为表现为击打墙壁或击打自己的手臂，然后发展到一些表面的划痕。但随着时间的推移，像任何成瘾一样，对释放的需要和渴望意味着我要更经常地自伤，在大多数情况下，伤口很深，需要缝合，包括内部缝合。我的极度绝望和破坏性行为曾两次让我住院，由于失血过多而需要输血。

我周围的人认为我是在寻求关注，但我不是。我会经常隐瞒我的所作所为，这意味着很多伤口都没有经过治疗，因为我不希望人们拿走我唯一觉得可以应对我正在经历的痛苦和折磨的东西。我自伤从来都不是为了寻求关注，这是一种求救的呼喊，也是一种向那些有眼可看、有耳可听、有心可懂的人表明我受到伤害的方式。此外，由于我觉得自己不值得拥有那些能带来成功和快乐的生活和经历，自伤就是自我破坏的一种方式。在我二十八九岁的时候，我开始当起了美发学徒。我做得很好，很享受生活。然而，由于我认为自己不值得这样做，我的自伤行为加剧了，我的目标是破坏神经或肌腱，以阻止我在这个领域取得任何成功。幸运的是，这并没有发生。

很多人会说，当我长大一些之后，我会看着身上遍布的伤疤而感到后悔。在我生命中的那个时候，我并不在乎。我不想活到下一个生日，更别说活到 40 岁了，那么几处伤疤又有什么关系呢？但我现在 40 岁了！我不以我的伤疤为荣，但也不以它们为耻。我经常被问到关于它们的问题，但我不愿意坦率地分享。我的伤疤是非常个人化的。虽然当时我不明白或不知道为什么我会被带到这样的毁灭中，但在康复过程中，我了解到这是一种精心设计的方法，可以保护自己免受极端的创伤和虐待。我的伤疤不断提醒着我，不是我生命中那些丑陋的岁月，而是上帝对我的爱和恩典。它们让我想起“他”是怎样救我的，它们使我想起我的目标和“他”在我生命中看到的美好。

当我的情绪处于强烈而原始的状态时，我发现我的本能反应是想要用自伤来使这种情绪麻木，但是我没有这样做。我能够安坐在情绪中，看到它是什么，并以健康的方式处理它。

两个十几岁女孩的母亲雪莱的故事

我们第一次得知我们的大女儿自伤，是在她 12 岁的时候。她拿起一把滚烫的卷发棒，在左前臂上烫了四次。我记得当时我很生气，我只是不明白是什么驱使她做出如此愚蠢的事情，那伤疤是一辈子都抹不掉的。

尽管很生气，我还是不敢问她起泡的伤口是否疼痛。当她说“不疼”的时候，我不相信。你可能会认为，经历过这一次，我会为我的小女儿做好准备了。但就像以前一样，除了你期待青少年可能会发生的那些事情外，我没有看到任何预警信号。她喜怒无常，在一瞬间，她就可以从“正常”变得愤怒，然后变得沉默，把自己隔离在房间里。老实说，对此我根本就没有多想，直到有一天我突然产生了一种情绪，然后，通过随后发生的一系列事件，我们发现了她的日记，发现她不仅在胳膊上割伤了自己，而且还试图自杀……有一个自杀的计划。

我又一次愤怒了。她在模仿她姐姐，这让我感到烦恼和恼怒。然而，我的丈夫却对我们作为失败的父母感到巨大的、撕心裂肺的内疚和羞耻。也许这是我的应对机制，但我感觉不一样；相反，我一直告诉自己，我们已经尽了最大的努力去处理我们在女儿身上看到的一切。如果我们早知道她会自杀，我们肯定会采取不同的做法。

都是事后诸葛亮。我和丈夫活下来并获得一线希望的唯一方法就是坚持我们对上帝的信仰。我向我们的朋友祈祷，我不得不相信，在这些黑暗和紧张的时刻，我们的家人可以从中吸取教训。我确信地是，我需要完全放弃我的控制，要有信心，要相信爱会征服一切。

20 岁的布丽安娜的故事

我 14 岁的时候就开始自伤，那时家里发生了很多事情。我爸爸刚参军被派往部队了。我开始在家上学。我的叔叔摔断了腿，他们全家搬来和我们住在一起。我们家里有了七个新来的孩子，地板上到处都是床垫。我上前去帮助妈妈，但不知道如何处理这一切。我看起来能胜任这一切，但实际上我无法应付。

我 14 岁的时候就注册了 Instagram。事实上，我在使用 Facebook 之前就开始用 Instagram 了。我们家里有一大堆关于使用 Facebook 的规定，如我们必须询问等。但我父母还没听说过 Instagram，所以我也没想过问他们。我妈妈以为那是一个照片编辑软件。

我记得我在谷歌上搜索了焦虑和抑郁的标签，不知怎的就找到了这个自伤账号。我开始关注它，并且看到了更多的东西。当时我认为我找到了一个可以产生关联的社区。他们理解我所经历的一切，这让我觉得自己很正常。我真的不想给我妈妈增加更多的负担，所以我尽我所能自己来处理。

我关注的 Instagram 账号会指导我如何自伤，我会对某件事发表评论，他们会说“我也是”，并再次确定我的想法。这让我觉得我做得很好。我关注他们很久了。

一年后，我意识到我所做的事是世界上最不健康的事情。我从一开始就在关注一个账号，这个女孩大约 17 岁，她每天都在网上发布自伤的消息。

和我一样，她也开始想要变得更好。后来我发现她在发布关于旧病复发的帖子。她会说她今天过得很好，然后接下来的几天就会是复发、复发、再复发……每次我看到她旧病复发，我也会想复发。

一夜之间，她更改了账号名称，它不再是“××自伤者”，而变成了一个积极的自我关照账户。她每天都在网上发布关于爱自己、去咨询，以及对她有帮助的策略。她再也没有说过要复发。对我来说，那是一个觉醒的时刻。我决定检查一下我所有的账号，然后删除了我关注的所有其他账号。

我不怎么经常去看自伤账号了。有时候我会搜索它们，当找到它们的时候，我就想：“你做的这事也太愚蠢了吧？”在我十几岁的时候，互联网对我既有积极的影响，也有消极的影响。我认为这对孩子们来说真的很危险，但我也明白，如果他们仰慕积极的人，那也是件好事。

30 岁的安德鲁的故事

自我批评和自我厌恶的倾向是在我的童年时期形成的。我父母的话在很大程度上影响了我对自己的看法以及我处理生活压力的能力。我记得我在小学时做过一个关于恐龙的项目，我妈妈像往常一样说我“愚蠢”，那年我九岁。像这样的时刻对我有很大的影响。

和所有的父母一样，我的父母也有他们自己的包袱。我们在成长过程中并没有收获什么。他们两个是非常情绪化的人。事情会越积越多，我们的屋子里会有很多叫喊和紧张。每当我做了“错”事，他们就会咄咄逼人地对待我。

在我十几岁的时候，我觉得我的生活中有太多东西失去了控制。随着我们经常搬家，我的友谊也在不断变化。我总是试图重新建立友谊，但这很难。有时候我的朋友们真的很讨厌。作为一个心灵温柔的人，很容易被别人更强的个性所伤害。

我从高中开始抽烟喝酒，以此来融入环境。我父母不知道。我在家用头撞墙的时候，他们在工作。我似乎不知道什么时候该停下来，也不知道如何照顾自己。当我十几岁的时候，我开始尝试毒品。最后我告诉了父母，因为我想问心无愧。

我从小是在灌木丛中长大的，这里的人都有枪。我父亲从小就有一把枪。在我十几岁的时候，我曾多次把子弹装进我父亲的枪里，坐在他的床上，死死地盯着枪管。这年事我父母并不知道。我独自拿着枪，脑子一片空白。有很多次我差点扣动扳机，也有些时候，我拿着一把刀，梦想着把它插进我的胸口。

我 12 岁的时候在公共泳池里被一个男人性侵。他是个陌生人，但我得去向警察报告。这对我这个小男孩来说是件大事。我经常做噩梦，梦见他从我的窗户爬进来。上九年级的时候，我向一个同学提到了这件事，他在课堂上对此事大谈特谈。这件事变成了一个被同学取笑的话柄，老师没有采取任何措施来阻止它。我感觉我的整个世界都崩溃了。

父母对我的感受一无所知。他们不理解我，我无法与他们沟通和表达自己。在高中的时候，我试图过量服用必理通（Panadol）[①]，我研磨了其中的24粒，把它们搅成了糊状。当我父亲在另一个房间看电视的时候，我正在厨房的桌子上搅拌这种混合物。他自己也承受着很大的压力，所以他当时和我很疏远。我从没进过医院，也没去看医生，但是我真的病了！

无论是在家里还是在学校，我从来没有和任何人谈论过我的想法和感受。说句公道话，其实也没人问过。我转向了没有人发现的诗歌（黑暗诗歌）。对我来说，抑郁就像我掉进了一个无法走出的山洞。

我希望所有的父母都能不断反思、成长和学习。我的父母都是在他们的父亲的虐待下长大的。我相信他们认为他们已经尽了最大的努力。这只是表明，孩子们躲在自己的地方是多么容易，而为了与他们保持联系，家长们需要多么努力。

直到事后回想起来，你才能确定你的行为是自伤。直到后

① 产于澳大利亚的解热镇痛药的商品名，它的主要成分是“扑热息痛”，也叫作“对乙酰氨基酚”。——译者注

来，我才看到那些困住我的迹象和模式。那时，我会通过自伤来让自己感觉良好。伤害自己给我带来了快乐，这么说是一件大事，但这是真的。

后来我搬到城里，这帮助了我。我们身边有了更多的人，建立了一个实际上帮助支持了我的家庭的社区。我在城里结交的朋友都比较积极。我开始为自己的未来负责，吸烟和酗酒从我的生活中消失了，这对我的健康和精神力量有很大的影响。我娶了一个对我帮助很大的女孩，我得说她才是我现在如此坚强的原因。

我希望每一位家长都能意识到，孩子们想要和他们的父母建立联系。他们需要他们的父母成为父母，有智慧和知识去接触和搭建桥梁。

他们不希望感觉父母对他们失望（太忙或太忧心而无法找出真相）。失望会强化消极的思维，并使抑郁的循环持续下去。在我最低潮的时候，我没有感觉到被爱，我感到内疚和失望，这让我更想伤害自己。

如果你有一个自伤的孩子，你需要多少次去接触他们并不重要，你只需要不断尝试。在一天结束的时候，你要么帮助他们走出他们正在经历的迷雾，要么你让他们自己去尝试去导航。

满怀希望地期待

如果你是一位正在照顾自伤的孩子的家长，我想把下面这些话留给你作为结束语。没人预料到自己的孩子会自伤：

你发现自己走在一条意想不到的道路上，这条路似乎势不可挡，漫长而艰难。你可能会感到孤立和孤独，走在一条很少有人能理解的道路上。

不管你现在感觉有多累、有多精疲力竭，你要永远相信明天会更好。希望是你需要用你所拥有的每一分力量去抓住的东西。永远不要让它消失，也不要让任何人把它从你身边偷走；即使是你的孩子也不行，因为他们可能看不到黑暗隧道尽头的光明。当孩子的眼睛看不到光明的未来时，父母的爱会替他们看到。

Self Harm: Why Teens Do it and What Parents Can Do to Help

ISBN: 978-1-925675-57-3